智能制造领域高素质技术技能人才培养系列教材

工业机器人技术基础

主　编　谢　敏　钱丹浩

副主编　郭　燕　姚玲峰

参　编　恽奕翀　叶百胜

U0182317

机械工业出版社

本书共 8 章，包括工业机器人概述、工业机器人的系统构成及分类、工业机器人的运动学基础、工业机器人的机械结构、工业机器人传感器、工业机器人控制系统、工业机器人编程以及工业机器人工作站。全书每一章最后都设计了习题，便于读者加深对相关知识的理解。本书内容循序渐进、由浅入深，有助于读者全面掌握工业机器人技术的基本知识，同时对现代工业机器人的发展前景有更深入的了解。

本书可作为高职高专工业机器人技术、机电一体化技术、电气自动化技术等相关专业的教材，也可作为工业机器人领域研究人员和工程技术人员的参考用书。

本书配有免费的电子课件、习题参考答案、模拟试卷及答案，供教师参考。凡选用本书作为授课教材的教师，可登录机械工业出版社教育服务网（www.cmpedu.com）网站，注册后免费下载，或来电（010-88379564）索取。

图书在版编目（CIP）数据

工业机器人技术基础/谢敏，钱丹浩主编. —北京：机械工业出版社，2020.12（2023.10 重印）

智能制造领域高素质技术技能人才培养系列教材

ISBN 978-7-111-66831-2

Ⅰ.①工… Ⅱ.①谢… ②钱… Ⅲ.①工业机器人-高等职业教育-教材 Ⅳ.①TP242.2

中国版本图书馆 CIP 数据核字（2020）第 205951 号

机械工业出版社 （北京市百万庄大街 22 号 邮政编码 100037）

策划编辑：冯睿娟 责任编辑：冯睿娟 杨晓花

责任校对：陈 越 封面设计：鞠 杨

责任印制：单爱军

北京虎彩文化传播有限公司印刷

2023 年 10 月第 1 版第 5 次印刷

184mm×260mm · 10 印张 · 246 千字

标准书号：ISBN 978-7-111-66831-2

定价：34.90 元

电话服务 网络服务

客服电话：010-88361066 机 工 官 网：www.cmpbook.com

010-88379833 机 工 官 博：weibo.com/cmp1952

010-68326294 金 书 网：www.golden-book.com

封底无防伪标均为盗版 机工教育服务网：www.cmpedu.com

前　言

为了适应高等职业教育事业的不断发展，针对高职高专工业机器人技术、机电一体化技术、电气自动化技术等专业学生的培养目标和岗位技能要求，以高职院校培养高素质技术技能人才的目标为宗旨，在充分体现理论内容"必须、够用"的原则、突出应用能力和综合素质培养的前提下，本书综合编者多年的教学与研究经验，对工业机器人技术的抽象理论知识进行了有侧重的选择和精简，并遵循循序渐进、由浅入深、由简到繁的内容组织原则，力图使学生在学习完本书后，能获得生产一线操作人员所必需的工业机器人应用基本知识和基本技能。

本书以现代工业机器人技术为背景，参考有关工业机器人的最新资料和信息，并结合职业院校的特点和培养方案编写而成，在内容上充分体现了专业特色、行业特色。通过学习本书，读者可以了解工业机器人的基本情况，掌握工业机器人的系统构成及分类、机械结构、传感器应用、控制系统原理，学会如何进行示教再现编程和 RobotStudio 离线编程，理解工业机器人工作站的典型应用和设备的管理与维护，具备工业机器人的操作、管理和维护能力。

本书内容采用三段式架构：教学导航、章节正文和本章小结。教学导航包含章节概述、知识目标和能力目标；章节正文包括关键词、相关知识和小组讨论等要素；本章小结是对整个章节进行概括，进一步帮助读者快速提炼和理解章节核心内容。本书力求内容正确、全面，从基础理论到技术应用和产品介绍，在各章节安排和内容组织等方面充分考虑了专业基础技术、工程实际应用技术和最新技术的实际特点。

本书由南京科技职业学院谢敏、钱丹浩担任主编，南京科技职业学院郭燕、成都纺织高等专科学校姚玲峰担任副主编，南京科技职业学院恽奕翀参与编写。其中，谢敏编写第 1章，钱丹浩编写第 2、4、7 章，恽奕翀编写第 3、6 章，郭燕编写第 5 章，姚玲峰编写第 8章，叶百胜参与书稿讨论工作，钱丹浩负责全书统稿。

由于工业机器人技术日新月异，加之编写时间仓促，编者水平有限，书中难免存在不足，恳请读者指正。

编　者

目　录

工业机器人概述

 教学导航

➤ 章节概述：本章主要介绍工业机器人的定义、发展历史、发展趋势和典型应用，便于对工业机器人的产生背景和未来发展趋势有清晰的认识。

➤ 知识目标：掌握工业机器人的定义及典型应用。

➤ 能力目标：能够初步认识工业机器人的前沿技术及发展趋势。

1.1 工业机器人的定义

 学习指南

➤ 关键词：工业机器人的定义、机器人三大法则。

➤ 相关知识：机器人的定义、工业机器人的定义、机器人三大法则。

➤ 小组讨论：分小组研讨工业机器人的定义和机器人三大法则。

1.1.1 机器人

"机器人"这个名词最早出现在 1920 年捷克剧作家卡雷尔·查培克的幻想剧本《罗莎姆的万能机器人》中，他在剧中描述的机器人作为人类生产的工业品推向市场，代替人类劳动力不知疲倦地工作，最终机器人背叛了它们的创造者而消灭了人类。后来，这个故事就被当成了机器人的起源。

1950 年，美国著名科幻小说作家阿西莫夫在他的机器人系列科幻小说中提出了著名的机器人三大法则：

1）第一法则：机器人必须不得伤害人类，或坐视人类受到伤害。

2）第二法则：机器人必须绝对服从人类，除非这与第一法则相违背。

3）第三法则：机器人必须保护自己不受伤害，除非这与第一、第二法则相矛盾。

这三条守则现在仍被机器人研究人员、研制厂商和用户共同遵守。

国际上关于机器人的定义主要有以下几种：

美国机器人协会（RIA）定义机器人是"一种用于移动各种材料、零件、工具或专用装置的，通过可编程序动作来执行种种任务的，并具有编程能力的多功能机械手（manipulator）"。美国国家标准局（NBS）定义机器人是"一种能够进行编程并在自动控制下执行某些操作和移动作业任务的机械装置"。国际标准化组织（ISO）将机器人定义为"具有一定程度的自主能力，可在其环境内运动以执行预期任务的可编程执行机构"。

我国科学家对机器人的定义："机器人是一种自动化的机器，所不同的是这种机器具备一些与人或生物相似的智能能力，如感知能力、规划能力、动作能力和协同能力，是一种具有高度灵活性的自动化机器"。

1.1.2　工业机器人

日本工业机器人协会（JIRA）定义工业机器人是"一种装备有记忆装置和末端执行器，能够转动并通过自动完成各种移动来代替人类劳动的通用机器"。工业机器人是面向工业领域的多关节机械手或多自由度的机器装置，它能自动执行工作，是靠自身动力和控制能力来实现各种功能的一种机器。它可以接受人类指挥，也可以按照预先编排的程序运行，现代的工业机器人还可以根据人工智能技术制定的原则纲领行动。

国家标准将工业机器人定义为"工业机器人是一种能自动定位控制，可重复编程的，多功能的、多自由度的操作机"。工业机器人能搬运材料、零件或操持工具，用以完成各种作业。目前，工业机器人广泛应用于汽车、机械、电子、化工等工业领域。工业机器人的推广应用极大地提高了企业的生产效率，推动了相关产业的发展，为人类物质文明的进步贡献了重要力量。

1.2　工业机器人发展史

🔘 学习指南

➤ 关键词：发展历史、发展阶段。

➤ 相关知识：工业机器人的发展历史。

➤ 小组讨论：分小组研讨工业机器人的发展历史，并进行说明。

1.2.1　工业机器人的发展阶段

从技术发展历程来看，工业机器人技术共经历了三大阶段。

第一阶段：1954 年，美国人乔治·德沃尔制造出世界上第一台可编程的机器人手臂，这种机械手能按照不同的程序从事各种不同的工作。1958 年，乔治·德沃尔申请了工业机器人领域的第一件专利，名为可编程的操作装置。美国发明家约瑟夫·英格伯格对此专利很感兴趣，联合乔治·德沃尔在 1959 年共同制造了世界上第一台工业机器人（Robot），即人手把着机械手，把需要完成的任务做一遍，机器人再按照事先编好的程序进行重复工作，主要用于铸造、锻造、冲压、焊接等工业生产领域。这一阶段的机器人只有"手"，以固定程序工作，不具有外界信息的反馈能力。

第二阶段：1970～1984 年。这个时期的工业机器人是具有一定的感觉功能和自适应能力的离线编程机器人，即有了感觉，如力觉、触觉、视觉等，并具有对外界信息的反馈能力，其特征是可以根据作业对象的状况改变作业内容，即所谓的"知觉判断机器人"。在此期间，工业机器人"四大家族"——库卡（KUKA）、ABB、安川、FANUC 公司分别在 1974 年、1976 年、1978 年和 1979 年开始了全球专利布局。

第三阶段：从 1985 年至今是智能机器人阶段。这一阶段的机器人已经具有了自主性，有自行学习、推理、决策、规划等能力。智能机器人带有多种传感器，并能够将多种传感器得到的信息进行融合，有效地适应变化的环境，具有很强的自适应能力、学习能力和自治功能。2000 年以后，美国、日本等国家开始了智能军用机器人研究，并在 2002 年由美国波士顿动力公司和日本公司共同申请了第一件"机械狗"智能军用机器人专利，2004 年在美国 DRAPA/SPAWAR 计划支持下波士顿动力公司申请了智能军用机器人专利。图 1-1、图 1-2 为关节坐标智能机器人和美国波士顿动力公司的"机械狗"。

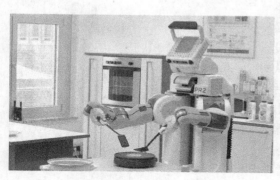

图 1-1　关节坐标智能机器人

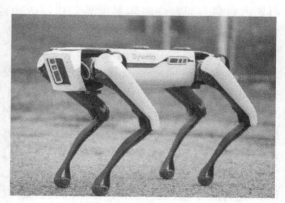

图 1-2　美国波士顿动力公司的"机械狗"

1.2.2　国外工业机器人发展史

1959 年，美国人约瑟夫·英格伯格和乔治·德沃尔制造出了世界上第一台工业机器人——Unimate，随后两人合办了世界上第一家机器人制造工厂——Unimation 公司，生产 Unimate 工业机器人。第一台 Unimate 工业机器人首先在美国新泽西州的通用汽车公司安装运行，用于生产汽车的门、车窗把柄、换档旋钮、灯具固定架，以及汽车内部的其他硬件等。美国作为工业机器人的诞生地，基础雄厚，技术先进，有着一批具有国际影响力的工业机器人供应商。

瑞典的 ABB 公司是世界上最大的机器人制造公司之一。1974 年，ABB 公司研发了世界上第一台全电控式工业机器人 IRB6，主要应用于工件的取放和物料搬运。1975 年，ABB 公司生产出第一台焊接机器人。直到 1980 年 ABB 公司兼并 Trallfa 喷漆机器人公司后，其机器人产品趋于完备。ABB 公司制造的工业机器人广泛应用在焊接、装配铸造、密封涂胶、材料处理、包装、喷漆、水切割等领域。图 1-3 为 ABB 工业机器人通过气动夹爪在抓取物件。

德国的库卡（KUKA）公司是世界上顶级工业机器人制造商之一。1973 年 KUKA 公司研制开发了第一台工业机器人。KUKA 公司生产的机器人广泛应用

图 1-3　ABB 工业机器人

在仪器、汽车、航天、食品、制药、医学、铸造、塑料等领域，主要用于材料处理、机床装备、包装、堆垛、焊接、表面休整等生产领域。2017 年，德国库卡公司由中国美的集团并购。图 1-4 为库卡工业机器人裸机。

意大利柯马公司从 1978 年开始研制和生产工业机器人，至今已有 30 多年的历史。其机

器人产品包括 Smart 系列多功能机器人和 MASK 系列龙门焊接机器人，广泛应用于汽车制造、铸造、家具、食品、化工、航天、印刷等领域。

日本制造的工业机器人在全世界有很高的市场占有率，拥有许多闻名世界的机器人企业，如 FANUC、安川、川崎、OTC、松下、那智不二越等国际知名公司。FANUC 公司是世界上最大的机器人制造商之一，其前身致力于数控设备和伺服电动机系统的研制和生产，1972 年从日本富士通公司的计算机控制部门独立出来后成立了 FANUC 公司。安川公司于 1977 年研制出第一台全自动工业机器人，其核心的工业机器人有点焊和弧焊机器人、油漆和处理机器人、LCD 玻璃板传输机器人和半导体晶片传输机器人等。川崎公司生产出了日本第一台工业机器

图 1-4　库卡工业机器人裸机

人，对工业机器人产业做出了不可磨灭的贡献，川崎生产的喷涂机器人、焊接和组装机器人、半导体工业用机器人也很受市场欢迎。那智不二越公司成立于 1928 年，在工业机器人制造领域一直有着良好的口碑，总工厂在日本富山，公司起先为日本丰田汽车生产线机器人的专供厂商，专业做大型的搬运机器人、点焊和弧焊机器人、涂胶机器人、无尘室用 LCD 玻璃板传输机器人、半导体晶片传输机器人、高温等恶劣环境中用的专用机器人，以及与精密机器配套的机器人和机械手臂等。1980 年被称为日本的"机器人普及元年"，从这一年开始日本开始在各个领域推广使用机器人，大大缓解了市场劳动力严重短缺的社会矛盾，再加上日本政府采取的多方面鼓励政策，机器人受到了广大企业的欢迎。总体而言，日本机器人位居世界前列得益于其齐全的机器人种类、众多的知名企业，以及庞大的产业和完整的产业链。

1.2.3　我国工业机器人发展史

我国的工业机器人起步于 20 世纪 70 年代初期，经过几十年的发展，大致经历了四个阶段：70 年代的萌芽期、80 年代的开发期、90 年代的应用期，以及进入 21 世纪的自主创新期和初步产业化阶段。

20 世纪 70 年代，清华大学、哈尔滨工业大学、华中科技大学、沈阳自动化研究所等一批科研院所最早开始了工业机器人的理论研究，并于 1972 年开始研制自己的工业机器人。工业机器人被列入了国家"七五"科技攻关计划研究重点，目标锁定在工业机器人基础技术、基础器件开发、搬运、喷涂和焊接机器人的开发研究等五个方面。20 世纪 80 年代中期，在国家科技攻关项目的支持下，我国工业机器人研究开发进入了一个新阶段，特别是国家"863"计划把机器人列为自动化领域的重要研究课题，系统地开展了机器人基础科学、关键技术、元部件、目标产品、先进机器人系统集成技术的研究，以及机器人在自动化过程的应用。我国的机器人研制有序推进，整体呈现出良好的开发态势，为我国机器人事业从研制到应用迈出重要的一步。1985 年，上海交通大学机器人研究所完成了"上海一号"弧焊机器人的研究，这是我国自主研制的第一台 6 自由度关节机器人。1990 年，工业喷漆机器

人 PJ－1 如期完成，这是我国第一台喷漆机器人。2000 年，我国独立研制的第一台具有人类外形、能模拟人类基本动作的类人型机器人在长沙国防科技大学问世。

进入 21 世纪以来，在国家政策的大力支持下，广州数控、沈阳新松、安徽埃夫特、南京埃斯顿等一批优秀的本土工业机器人制造企业开始涌现，工业机器人开始在国内形成初步的产业化规模。他们先后研制出了点焊、弧焊、装配、喷漆、切割、搬运、包装码垛等各种用途的工业机器人，并实施了一批机器人应用工程，形成了一批机器人产业化基地，为我国机器人产业的腾飞奠定了基础。另一方面，国家对机器人产业的重视也促使越来越多的企业和科研人员投入到机器人的开发研究中去，为我国机器人产业的未来而奋斗。

虽然我国的工业机器人产业在不断地进步中，但和国际同行相比，差距依旧明显，主要表现在以下几个方面：

1）创新能力较弱，核心技术和关键技术部件受制于人，尤其是高精度的减速器长期需要进口，缺乏自主研发产品，影响总体机器人的产业发展。

2）产业规模小，市场满足率低，相关基础设施服务体系建设明显滞后。中国工业机器人企业虽然形成了自己的部分品牌，但不能与国际知名品牌形成有力竞争。

3）行业归口、产业规划需要进一步明确。

随着工业机器人的应用越来越广泛，国家也在积极推动我国机器人产业的发展。尤其是进入"十三五"以来，国家出台的《机器人产业发展规划（2016～2020）》对机器人产业进行了全面规划，要求行业、企业搞好系列化、通用化、模块化设计，积极推进工业机器人的产业化进程。

1.3　工业机器人的发展趋势

学习指南

- ➤ 关键词：发展趋势、市场性。
- ➤ 相关知识：工业机器人的发展趋势、智能机器人技术的发展趋势。
- ➤ 小组讨论：分小组研讨工业机器人的发展趋势，并做说明。

1.3.1　工业机器人的市场发展

虽然我国工业机器人产业刚刚起步，但工业机器人市场增长的势头非常强劲，自 2013 年起，我国已超过美国、德国、韩国、日本成为全球机器人最大的应用市场。据国际机器人联合会公布的数据显示，2013 年，全球机器人装机量达到 17.9 万台，亚洲、澳大利亚占 10 万台，其中中国占 3.65 万台，整个行业产值 300 亿美元。2014 年，全球机器人销量 22.5 万台，其中亚洲占全球机器人销量 2/3，我国的工业机器人市场销量近 4.55 万台，增长 24%，行业产值近 400 亿美元。2015 年，全球机器人销量 25.4 万台，同比增长 22%。2018 年，全球工业机器人销量 40.4 万台，同比增长 37.1%。2019 年，全球工业机器人出货量为 42.7 万台。截止到 2020 年，全球工业机器人年供应量已增至 52.1 万台。工业机器人的市场发展前景十分巨大。

1.3.2 工业机器人的技术发展

1. 智能机器人

云计算、大数据、物联网、深度学习、边缘计算等高新技术发展推动了机器人的智能化发展，起初的自动化改革机器人只能进行简单的技术操作，伴随着人工智能的不断深化，机器人已面向智能化方向发展。智能机器人通过自身的感知、分析、控制系统和强大的数据运算能力，可以实现像人类一样主动思考下一步的行动计划，并付诸实施。机器人的发展趋势已经不是简单的依赖传统的提前编制程序来执行命令，而是向拥有强大自主性的方向发展，世界科技巨头不断加大在机器人研发方面的投入也成为机器人产业发展的重要推动力。可以预见，在未来的十年时间里，机器人发展将更多结合仿生技术、智能材料、机器人深度学习、多机协同等前瞻性技术，使机器人更加智能化，成为人类多才多艺和聪明伶俐的"伙伴"，更加广泛地参与人类的生产活动和社会活动。

2. 进化机器人

进化机器人的想法主要源于生物进化。进化使得生物能够更好地适应自然环境，最复杂的生物都是由简单的生物经过漫长的岁月逐渐演化而来的。进化机器人是嵌入了进化机制的、具有较强环境适应能力的机器人，属于智能机器人研究中比较新的技术领域。它受达尔文自然进化和优胜劣汰的思想启发，把机器人作为一个自主个体，在与外界环境的交互中生长、发展、进化。这个进化过程是一个类似于自然生命系统的自组织过程，不受人为因素的干预。

进化机器人的优势在于简化了控制器设计中人的工作，将机器人系统及其行为看成一个整体。与传统机器人相比，进化机器人具有较强的环境适应性、灵活性、鲁棒性以及更高的智能水平。作为新型的研究领域，进化机器人学中还有很多问题需要解决，包括仿真模型、进化时间、硬件保障和行为评价等。而将人工智能技术与进化计算结合起来，也许会为进化机器人提供一种新的思路。

3. 微机器人

一般而言，尺寸在 $1 \sim 100\text{mm}$ 之间的机构称为小型机构，尺寸在 $10\mu\text{m} \sim 1\text{mm}$ 之间的机构称为微型机构，尺寸在 $10\mu\text{m}$ 以下的机构称为超微型机构。微机器人是可编程通用微型机构或微动机构。微型机器人系统本身极小，便于进入微小空间并进行操作。微动机器人系统操作对象和运动范围极小，一方面可以完成先前无法实现的精细操作，另外可以用来改善常规系统的性能，进行细胞级、亚细胞级的自动操作。

微机器人系统离不开微动系统，由于移动距离小，微动系统运动速度可以很快；温度和振动产生的干扰随着系统的变小而减小；微动系统施加的力比较小，更适用于易损物体的操作。

本 章 小 结

本章为工业机器人概述，通过对工业机器人的定义、工业机器人发展史、工业机器人发展现状的介绍，以及"机器人三大法则"的论述，使读者对工业机器人有了初步的认识，同时对工业机器人的国内外主要品牌进行了介绍，帮助读者对工业机器人进行了总体把握。

习　题

1. 订立机器人三大法则的意义是什么？
2. 国内外机器人技术发展有什么特点？
3. 查阅资料，试编写从1954年起的机器人发展大事记。
4. 试列举说明工业机器人的应用领域。
5. 试列举说明智能机器人的应用领域。

第2章

工业机器人的系统构成及分类

 教学导航

> ➤ 章节概述：本章主要介绍工业机器人系统的构成、特点及工业机器人的分类，并以 ABBIRB 120（简称 IRB120）工业机器人为例介绍了其主要特点和本体技术参数，进一步帮助读者了解 IRB 120 工业机器人的系统构成，便于对工业机器人进行设计和选型。

> ➤ 知识目标：掌握工业机器人各部分结构、特点，工业机器人分类，以及相关技术参数的含义，认识并了解 IRB 120 机器人本体技术参数和主要特点。

> ➤ 能力目标：能够绘制出工业机器人的系统框图、描述不同工业机器人的特征、特性，给出 IRB 120 机器人的技术参数含义，并在设计选型时考虑这些基本技术参数。

2.1 工业机器人的系统构成

 学习指南

> ➤ 关键词：系统结构、组成、特点。

> ➤ 相关知识：工业机器人系统结构、工业机器人机械构成、工业机器人传感构成、工业机器人控制构成。

> ➤ 小组讨论：通过查阅资料，分小组讨论工业机器人系统的组成和特点。

工业机器人系统构成主要分为四大部分，分别是系统结构、机械构成、传感构成、控制构成，它们之间相互协作构建起工业机器人的整体系统。

2.1.1 系统结构

工业机器人的系统结构如图 2-1 所示。

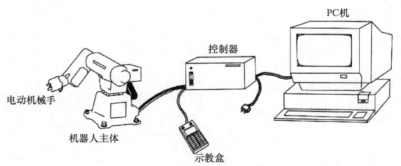

图 2-1 工业机器人的系统结构

工业机器人系统主要有三大构成部分，分别如下：

1）机械构成：用于实现各种传送带动作，包括机械结构系统和驱动系统。

2）控制构成：用于控制机器人完成各种动作，包括人机交互系统和控制系统。

3）传感构成：用于感知内部和外部的信息，包括感受系统和机器人-环境交互系统。

工业机器人系统构成部分之间的关系如图2-2所示。

2.1.2 机械构成

1. 机械结构系统

工业机器人的机械结构又称为执行机构或操作机，是机器人赖以完成工作任务的实体，通常由杆件或关节组成。从功能角度，执行机构可分为手部、腕部、臂部、腰部（立柱）、机座等，如图2-3所示。

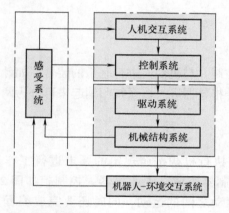

图2-2 工业机器人系统构成部分之间的关系

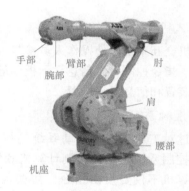

图2-3 工业机器人的机械结构系统

1）手部：又称为末端执行器，是工业机器人直接进行工作的部分，其作用是直接抓取和放置物件。手部可以是各种手持器或为夹爪、吸盘等。

2）腕部：连接手部和臂部的部件。其作用是调整或改变手部的姿态，是操作机中结构最复杂的部分。

3）臂部：又称为手臂，用以连接腰部和腕部，通常由两个臂杆（大臂和小臂）组成，用以带动腕部运动。

4）腰部：又称为立柱，是支撑手臂的部件，其作用是带动臂部运动，与臂部运动结合，把腕部传递到需要的工作位置。

5）机座（行走机构）：机器人的支持部分，有固定式和移动式两种。机座必须具有足够的刚度、强度和稳定性。

2. 驱动系统

工业机器人的驱动系统包括驱动器和传动机构两部分。它们通常与执行机构连成机器人本体。驱动器通常有以下几类：

1）电动机驱动：直流电动机、步进电动机、交流伺服电动机。

2）液压驱动：液压马达、液压缸。

3）气压驱动：气压马达、气缸。

如图2-4所示，采用气压驱动的末端执行器，可实现末端执行器的直线往复运动。

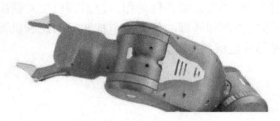

图 2-4　末端执行器的气压驱动

传动机构通常有连杆机构、滚珠丝杠、链、带、各种齿轮系、谐波减速器、RV 减速器等。

2.1.3　控制构成

1. 人机交互系统

人机交互系统是使操作人员参与机器人控制并与机器人进行联系的装置，如计算机的标准终端、指令控制台、信息显示板、危险信号报警器等。该系统归纳起来可分为两大类：指令给定装置和信息显示装置。

2. 控制系统

通过对工业机器人驱动系统的控制，使执行机构按照规定的要求进行工作。工业机器人的控制系统一般由控制计算机和伺服控制器组成。工业机器人控制柜如图 2-5 所示。控制计算机不仅要发出指令，协调各关节驱动之间的运动，同时还要完成编程、示教和再现等工作。伺服控制器控制各关节的驱动器，使各杆按一定的速度、加速度和位置要求进行运动。

在控制柜外，常常还配有示教器，它通过一根线缆和控制柜主机相连，实现机器人的示教/再现控制。示教器如图 2-6 所示。

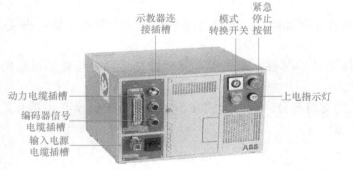

图 2-5　工业机器人控制柜

图 2-6　工业机器人示教器

3. 控制柜的内部结构

控制柜的内部结构是机器人工作的真正核心，主要包含主减速机单元、机器人驱动单元、外轴驱动单元、以太网服务端口、示教器接口、模式选择开关、主电源开关、急停开关、工业 SD 存储卡、IO 单元安装位置、供电单元等，具体如图 2-7 所示。

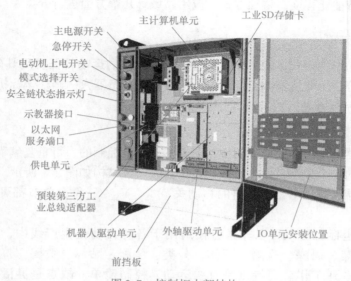

主计算机单元
工业SD存储卡
主电源开关
急停开关
电动机上电开关
模式选择开关
安全链状态指示灯
示教器接口
以太网
服务端口
供电单元
预装第三方工
业总线适配器
机器人驱动单元
外轴驱动单元
IO单元安装位置
前挡板

图 2-7 控制柜内部结构

2.1.4 传感构成

1. 感受系统

感受系统包括内部检测系统与外部检测系统两部分。内部检测系统的作用是通过各种检测器检测执行机构的运动状况，并根据需要反馈给控制系统，与设定值进行比较后，对执行机构进行调整，以保证其动作符合设计要求。外部检测系统检测机器人所处环境、外部物体状态或机器人与外部物体的关系。

2. 机器人——环境交互系统

机器人——环境交互系统是实现工业机器人与外部环境中的设备相互联系和协调的系统。工业机器人与外部设备集成为一个功能单元，如加工制造单元、焊接单元、装配单元；也可以是多台机器人、多台机床或设备、多个零件存储装置等集成为一个执行复杂任务的功能单元。

2.2 工业机器人的分类

学习指南

➤ 关键词：关节机器人、并联机器人、SCARA 机器人。

➤ 相关知识：工业机器人的分类方式六轴关节机器人的特点和并联机器人的定义及特征。

➤ 小组讨论：通过查阅资料，分小组讨论工业机器人的分类及特征。

工业机器人的种类很多，其功能、特征、驱动方式、应用场合等也不尽相同。目前，国际上还没有形成工业机器人的统一划分标准。本节将主要从工业机器人的坐标系、控制方式、驱动方式、智能化程度、移动方式、应用领域等几个方面进行分类。

2.2.1 按坐标系分类

工业机器人的结构形式多种多样，典型工业机器人的运动特征可用其坐标特性来描述。按坐标系特性来分，工业机器人通常可以分为直角坐标机器人、圆柱坐标机器人、球坐标机器人（或称极坐标机器人）、关节机器人、并联机器人等。

1. 直角坐标机器人

直角坐标机器人是指在工业应用中，能够实现自动控制的、可重复编程的、在空间上具有相互垂直关系的三个独立自由度的多用途机器人，其结构如图2-8所示。在直角坐标机器人坐标系中，机器人有三个相互垂直的移动关节X、Y、Z，每个关节都可以在独立的方向移动。

目前，直角坐标机器人可以非常方便地用于各种自动化生产线中，完成如焊接、搬运、上下料、包装、码垛、检测、探伤、分类、装配、贴标、喷码、打码、喷涂、目标跟随、排爆等一系列工作。其特点是直线运动、控制简单；缺点是灵活性较差，自身占据空间较大。

2. 圆柱坐标机器人

圆柱坐标机器人是指能够形成圆柱坐标系的机器人，其结构主要由一个旋转机座形成的转动关节和垂直、水平移动的两个移动关节构成，如图2-9所示。圆柱坐标机器人末端执行器的姿态由参数（Z，R，θ）决定。

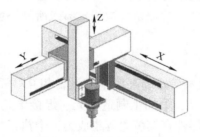
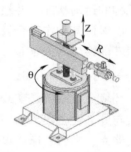

图2-8 直角坐标机器人　　　　　图2-9 圆柱坐标机器人

圆柱坐标机器人具有空间结构小、工作范围大、末端执行器速度高、控制简单、运动灵活等优点；缺点是圆柱坐标机器人工作时，必须有沿R轴线前后方向的移动空间，空间利用率低。目前，圆柱坐标机器人主要用于重物的装卸、搬运等。

3. 球坐标机器人

球坐标机器人如图2-10所示，一般由两个回转关节和一个移动关节构成。其轴线按极坐标配置，R为移动坐标，β为手臂在铅垂面内的摆动角，θ为绕手臂支承底座垂直轴的转动角。这种机器人运动所形成的轨迹表面是半球面，所以称为球坐标机器人。其特点是占用空间小，操作灵活且范围大，但运动学模型较复杂，难以控制。图2-11为球坐标机器人的工作范围。

4. 关节机器人

关节机器人也称关节手臂机器人或关节机械手臂，是当今工业领域中应用最广泛的一种机器人。按照关节的构型不同，又可分为水平关节机器人和垂直关节机器人。

水平关节机器人也称为 SCARA（Selective Compliance Assembly Robot Arm）机器人，如图 2-12 所示。SCARA 机器人一般具有四个轴和四个运动自由度，它的第一、二、四轴具有转动特性，第三轴具有线性移动特性，并且第三轴和第四轴可以根据工作需要，制造成多种不同的形态。

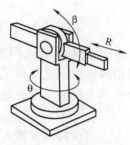 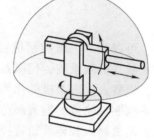 

图2-10　球坐标机器人　　图 2-11　球坐标机器人的工作范围　　图 2-12　SCARA 机器人

SCARA 机器人的特点在于作业空间与占地面积比很大，使用起来方便；在垂直升降方向刚性好，尤其适合平面装配作业。目前，SCARA 机器人广泛应用于电子、汽车、塑料、药品和食品等工业领域，用以完成搬取、装配、喷涂和焊接等操作。

垂直关节机器人主要由机座和多关节臂组成，目前常见的关节臂数是 3～6 个。IRB120 六轴关节机器人如图 2-13 所示。这类机器人由多个旋转和摆动关节组成，结构紧凑，工作空间大，动作接近人类，工作时能绕过机座周围的一些障碍物，对装配、喷涂、焊接等多种作业都有良好的适应性，且适合电动机驱动，关节密封、防尘比较容易。目前，ABB 公司、KUKA 公司、FANUC 公司、Yaskawa 公司，以及国内的一些机器人制作公司都在推出这类产品。

5. 并联机器人

并联机器人是一种由固定机座和具有若干自由度的末端执行器、以不少于两条独立运动链连接形成的新型机器人，如图 2-14 所示。

并联机器人具有以下特点：

图 2-13　IRB120 六轴关节机器人　　图 2-14　并联机器人

1）无累积误差，精度较高。

2）驱动装置可置于定平台上或接近定平台的位置，运动部分重量轻、速度高、动态响应好。

3）结构紧凑，刚度高，承载能力大。

4）具有较好的各向同性。

5）工作空间较小。

并联机器人广泛应用于装配、搬运、上下料、分拣、打磨、雕刻等需要高刚度、高精度或大载荷而又无需很大工作空间的场合。

2.2.2　按控制方式分类

工业机器人根据控制方式的不同，可以分为伺服控制机器人和非伺服控制机器人两种。机器人运动控制系统最常见的控制方式就是伺服系统，伺服系统是指精确地跟随或复现某个过程的反馈控制系统。在很多情况下，机器人伺服系统的作用是驱动机器人机械手准确地跟随系统输出位移指令，达到位置的精确控制和轨迹的准确跟踪。

伺服控制机器人又可细分为点位控制机器人和连续轨迹控制机器人。点位控制机器人的运动为空间点到点之间的直线运动；连续轨迹控制机器人的运动轨迹可以是空间的任意连续曲线。

2.2.3　按驱动方式分类

根据能量转换方式的不同，工业机器人驱动类型可以分为气压驱动、液压驱动、电力驱动和新型驱动四种类型。

1. 气压驱动

气压驱动机器人以压缩空气驱动执行机构，其优点是空气来源方便，动作迅速，结构简单；缺点是由于空气的可压缩性，气压一般为 0.7MPa，使得工作的稳定性与定位精度不高，抓力较小，所以常用于负载较小的场合。

2. 液压驱动

液压驱动使用液体油液驱动执行机构。与气压驱动机器人相比，液压驱动机器人具有大得多的负载能力，液压力可达 7Mpa，具有结构紧凑、传动平稳的优点，但液压驱动液体容易泄漏，不宜在高温或低温场合作业。

3. 电力驱动

电力驱动利用电动机产生的力矩驱动执行机构。现在越来越多的机器人采用电力驱动方式，电力驱动易于控制，运动精度高，成本低。

电力驱动又可分为步进电动机驱动、直流伺服电动机驱动，以及无刷伺服电动机驱动等方式。

4. 新型驱动

伴随着机器人技术的发展，出现了利用新的工作原理制造的新型驱动器，如静电驱动器、压电驱动器、形状记忆合金驱动器、人工肌肉及光驱动器等。

2.2.4　按智能化程度分类

1. 一般机器人

一般机器人不具有智能，只具有一般编程能力和操作功能。

2. 智能机器人

智能机器人按照具有的智能程度的不同又可分为：

1）传感型机器人：具有处理传感信息（包括视觉、听觉、触觉、接近觉、力觉、红外、超声及激光等信息），实现控制与操作机器人的能力。

2）交互型机器人：通过计算机系统与操作员或程序员进行人机对话，实现对机器人的控制与操作。

3）自主型机器人：无需人的干预，能够在各种环境下自动完成各项任务。

2.2.5　按移动方式分类

1. 固定机器人

固定机器人就是固定在某个底座上，只能通过移动各个关节完成任务。

2. 移动机器人

移动机器人可沿某个方向或任意方向移动。这种机器人又可分为有轨式机器人、履带机器人和步行机器人，其中步行机器人又可分为单足、双足、多足行走机器人。

2.2.6　按应用领域分类

工业机器人按应用领域或作业任务的不同，又可分为焊接机器人、搬运机器人、装配机器人、码垛机器人、喷涂机器人等类型，它们在各个应用行业都发挥着重要的作用。

2.3　工业机器人的技术参数

学习指南

➢ 关键词：技术参数、自由度、IRB120 机器人本体。

➢ 相关知识：工业机器人的主要技术参数、IRB120 机器人本体的特点和技术参数。

➢ 小组讨论：通过查阅资料，分小组讨论 IRB120 机器人的特点和技术参数。

2.3.1　工业机器人的主要技术参数

虽然工业机器人的种类、用途不尽相同，但都有其使用范围和要求。目前，工业机器人的主要技术参数有自由度、分辨率、定位精度和重复定位精度、工作范围、运动速度和承载能力。

1. 自由度

自由度是指机器人所具有的独立坐标轴运动的数目，不包括末端执行器的开合自由度。一般情况下，机器人的一个自由度对应一个关节，所以自由度与关节的概念是等同的。自由度是表示机器人动作灵活程度的参数，自由度越多，机器人就越灵活，但结构也越复杂，控制难度越大，所以机器人的自由度要根据其用途设计，一般为 3~6 个。

2. 分辨率

分辨率是指机器人每个关节所能实现的最小移动距离或最小转动角度。工业机器人的分辨率分为编程分辨率和控制分辨率两种。

编程分辨率是指控制程序中可以设定的最小距离，又称为基准分辨率。当机器人某关节电动机转动 0.1°时，机器人关节端点移动直线距离为 0.01mm，其基准分辨率即为 0.01mm。控制分辨率是系统位置反馈回路所能检测到的最小位移，即与机器人关节电动机同轴安装的编码盘发出单个脉冲电动机转过的角度。

3. 定位精度和重复定位精度

定位精度和重复定位精度是机器人的两个精度指标。定位精度是指机器人末端执行器的实际位置与目标位置之间的偏差，由机械误差、控制算法与系统分辨率等部分组成。典型的工业机器人定位精度一般在 ±(0.02~5)mm 范围内。

重复定位精度是指在同一环境、同一条件、同一目标动作、同一命令之下，机器人连续重复运动若干次时，其位置的分散情况，是关于精度的统计数据。因重复定位精度不受工作载荷变化的影响，故通常用重复定位精度这一指标作为衡量示教/再现工业机器人精度水平的重要指标。

4. 工作范围

工作范围是机器人运动时手臂末端或手腕中心所能到达的位置点的集合，也称为机器人的工作区域。机器人作业时，由于末端执行器的形状和尺寸是按作业需求配置的，所以可以真实反映机器人的特征参数。机器人工作范围是指不安装末端执行器时的工作区域。工作范围的大小不仅与机器人各连杆的尺寸有关，而且与机器人的总体结构形式有关。

工作范围的形状和大小十分重要。机器人在执行作业时可能会因为存在手部不能到达的盲区而不能完成任务，因此在选择机器人执行任务时，一定要合理选择符合当前工作范围的机器人。

5. 运动速度

运动速度影响机器人的工作效率和运动周期，它与机器人所提取的重量和位置精度均有密切的关系。运动速度提高，机器人所承受的动载荷增大，必将承受加减速时较大的惯性力，从而影响机器人的工作平稳性和位置精度。就目前的技术而言，通用机器人的最大直线速度大多在 1000mm/s 以下，最大回转速度一般不超过 120°/s。

一般情况下，机器人的生产厂家会在技术参数中标明出厂机器人的最大运动速度。

6. 承载能力

承载能力是指机器人在工作范围内的任意位置上所能承受的最大重量。承载能力不仅取决于负载的重量，而且与机器人运行的速度及加速度的大小和方向有关。

根据承载能力的不同，工业机器人大致分为：

1）微型机器人：承载能力为 1N 以下。

2）小型机器人：承载能力不超过 10^5 N。

3）中型机器人：承载能力为 $10^5 \sim 10^6$ N。

4）大型机器人：承载能力为 $10^6 \sim 10^7$ N。

5）重型机器人：承载能力为 10^7 N 以上。

2.3.2　IRB 120 工业机器人的技术参数

IRB 120 工业机器人具有敏捷、紧凑、轻量的特点，控制精度与路径精度俱优，是物料搬运与装配应用的理想选择。

IRB 120 工业机器人的主要特点如下：

（1）紧凑、轻量　IRB 120 工业机器人是 ABB 目前最小的机器人，它在极其紧凑空间内凝聚了当下 ABB 产品系列的全部功能与技术。其质量仅为 25kg，结构设计紧凑，几乎可以安装在任何地方，如工作站内部、机械设备上方，或生产线上其他机器人的近旁。

（2）用途广泛　IRB 120 工业机器人广泛应用于电子、食品、机械、太阳能、制药、医疗等领域。

IRB 120 六轴机器人最高荷重 3kg（手腕（五轴）垂直向下时为 4kg），水平工作范围达580mm，能通过柔性（非刚性）自动化解决方案执行一系列作业，且在狭小有限生产空间作业优势尤为明显。

（3）易于集成　IRB 120 工业机器人仅重 25kg，具有出色的便携性与集成性，该机器人的安装角度不受任何限制，可以最大限度地满足用户需求。

IRB 120 工业机器人机身表面光洁，便于清洗。空气管线与用户信号线缆从底座至手腕全部嵌入机身内部，易于机器人集成。

（4）优化的工作范围　IRB 120 工业机器人除水平工作范围达 580mm 以外，还具备一流的工作行程，其底座下方的拾取距离为 112mm。IRB 120 采用对称结构，第 2 轴无外凸，回转半径极小，可靠近其他设备安装，纤细的手腕进一步增强了手臂的可达性。

（5）快速、精准、敏捷　IRB 120 工业机器人配备轻型铝合金电动机，结构轻巧、功率强劲，可实现机器人的加速运行，在任何应用中都能确保优异的精准度与敏捷性。

（6）配备紧凑型控制器　IRB 120 工业机器人配备 IRC5 紧凑型控制器，构建起此类小型机器人的最强"大脑"。IRC5 为 ABB 新推出的紧凑型控制器，可以将以往大型设备"专享"的精度与运动控制性能直接应用在机器人本体为 120 系列的小型机器人控制中。

除节省空间之外，IRC5 紧凑型控制器还通过设置单相电源输入、外置式信号接口（全部信号）及内置式可扩展 16 路 I/O 系统，简化了调试步骤。

与之配套的离线编程软件 RobotStudio 可用于生产工作站模拟，为机器人设定最佳位置；此外还可执行离线编程，避免发生代价高昂的生产中断或延误。

（7）占地面积小　紧凑、轻量的 IRB 120 机器人与 IRC5 紧凑型控制器的完美结合，显著缩小了占地面积，最适合空间紧张的应用场合。

工业机器人制造商在提供机器人的同时会提供该机器人的技术参数。以 ABB IRB 120 - 3/0.6 型工业机器人为例，其技术参数见表 2-1。

表 2-1　ABB IRB 120 - 3/0.6 型工业机器人技术参数

规　　格			手腕中心点工作范围与荷重示意图
型号	工作范围 mm	有效荷重/kg	手臂荷重/kg
IRB 120 - 3/0.6	580	3	0.3

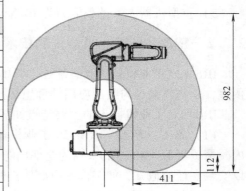

特　　性	
集成信号源	手腕设 10 路信号
集成气源	手腕设 4 路空气源（5bar，1bar = 10^5 Pa）
重复定位精度/mm	0.01
机器人安装	任意角度
防护等级	IP30
控制器	IRC5 紧凑型/IRC5 单柜型

运　　动		
轴运动	工作范围/(°)	最大角速度/(°)/s
轴 1 旋转	+165 ~ -165	250
轴 2 手臂	+110 ~ -110	250
轴 3 手臂	+70 ~ -90	250
轴 4 手臂	+160 ~ -160	320
轴 5 手臂	+120 ~ -120	320
轴 6 手臂	+400 ~ -400	420

性能	
1kg 拾料节拍	
25mm × 300mm × 25mm	0.58s
TCP 最大直线速度/(m/s)	6.2
TCP 最大加速度/(m/s²)	28
加速时间（0 ~ 1m)/s	0.07

电气连接	
电源电压	200 ~ 600V，50/60Hz
变压器额定功率/kV·A	3.0
功耗/kW	0.25

物理特性	
机器人底座尺寸	180mm × 180mm
机器人高度/mm	700
质量/kg	25

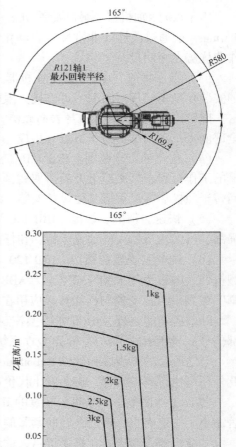

环　　境	
运行温度/℃	+5 ~ +45
运输与贮存温度/℃	-25 ~ +55
短期最高温度/℃	+70
最大相对湿度（%）	95
选件	洁净室 ISO 5 级 （IPA 认证）＊＊
最高噪声	70dB（A）
安全性	安全停、紧急停 2 通道安全回路监测 3 位启动装置
辐射	EMC/EMI 屏蔽

2.3.3 IRB 120 工业机器人的本体结构

IRB 120 机器人典型的本体结构如图 2-15 所示，其本体内部主要由电动机轴 1、电动机轴 2、电动机轴 3、电动机轴 4、电动机轴 5、电动机轴 6，以及底座及线缆接口、电缆线束等组成。并经由电缆线束串联起 6 个电动机轴，实现 6 轴的独立运动或联动。

2.3.4 IRB 120 工业机器人的电缆连接

IRB 120 工业机器人正常工作时，需要通过电缆连接其控制柜。机器人与控制柜需要三根连接电缆，分别是动力电缆、SMB 电缆、示教器电缆。动力电缆连接如图 2-16 所示。其中，图 2-16a 为控制柜动力电缆 XP1，图 2-16b 为机器人本体尾部动力电缆 R1. MP。

SMB 电缆（直头）接入到控制柜一端，SMB电缆（弯头）接入到本体底座 SMB 端口，如图 2-17所示。

示教器电缆（红色）连接到控制柜 XS4 端口，如图 2-18 所示。

除此之外，机器人还需要接入一根电源线（根据机器人型号及接头参数，准备电源线并制作控制柜端的接头）给其供电。电源线及插头如图 2-19所示。

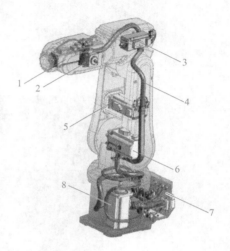

图 2-15 IRB 120 机器人本体结构

1—电动机轴 6　2—电动机轴 5　3—电动机轴 4
4—电缆线束　5—电动机轴 3　6—电动机轴 2
7—底座及线缆接口　8—电动机轴 1

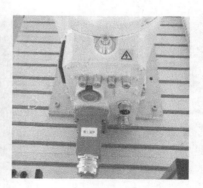

a) 控制柜连接　　　　　　　　b) 机器人本体连接

图 2-16 动力电缆连接

使用上述电缆进行连接，使得机器人的整个系统形成有机统一，从而实现机器人的综合运动及作业功能。

a) 控制柜连接

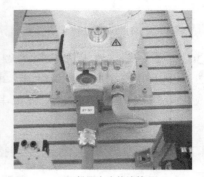

b) 机器人本体连接

图 2-17　SMB 电缆连接

图 2-18　示教器电缆连接

a) 插头

b)电源线

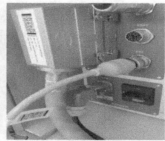

c)电源线接线端子

图 2-19　电源线及插头

本 章 小 结

　　本章通过对工业机器人各部分结构的介绍，使读者对工业机器人系统有了总体把握；并对工业机器人进行了分类，明确关节机器人和并联机器人等的应用特征；同时对 IRB 120 工业机器人的本体技术参数和特点进行介绍，特别是对机器人本体结构及其电缆连接做了说明，更进一步明确了工业机器人系统结构的特点和分类。

习　题

1. 工业机器人的系统主要由哪些部分组成？
2. 工业机器人人机交互系统指什么？
3. 工业机器人驱动器主要有几类？
4. 工业机器人主要有哪些分类？
5. SCARA 机器人的特征是什么？
6. 并联机器人的应用场合主要有哪些？
7. 直角坐标机器人的特点和应用场合是哪些？
8. 简述 IRB 120 工业机器人的技术参数。

第3章

工业机器人的运动学基础

教学导航

➢ 章节概述：本章主要介绍工业机器人运动学基础知识、工业机器人的自由度和运动轴的定义，以及运动坐标系的种类和作用，帮助读者了解工业机器人运动学、运动坐标系定义的重要性及便利性。

➢ 知识目标：掌握运动学相关数学基础知识、位姿描述、坐标变换、自由度和运动轴的定义，了解各运动坐标系的不同设定含义。

➢ 能力目标：能够辨别工业机器人的自由度，可以说出不同品牌工业机器人各轴名称及分类，能够根据产品和控制特点设定不同的坐标系。

3.1 机器人运动学的数学基础

学习指南

➢ 关键词：坐标系、空间、刚体。

➢ 相关知识：工业机器人运动学空间点、矢量及坐标系的表示方法；刚体的定义和表示方法。

➢ 小组讨论：分组讨论、分析工业机器人运动坐标系的建立。

为了描述工业机器人末端执行器位置和姿态与关节变量空间之间的关系，通常需要以数学形式来对工业机器人的运动进行分析研究，其中矩阵常用来表示空间点，空间矢量，坐标系平移、旋转以及变换，还可以表示坐标系中的物体和其他运动元件。

3.1.1 空间点的表示方法

空间点 P 在空间中的位置如图 3-1 所示，可以用它相对于参考坐标系的 3 个坐标表示为

$$P = a_x i + b_y j + c_z k \qquad (3-1)$$

式中，a_x、b_y、c_z 为参考坐标系中表示该点的坐标。也可以用其他坐标来表示空间点的位置。

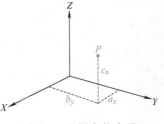

图 3-1 空间点的表示

3.1.2 空间矢量的表示方法

空间矢量可以由 3 个起始和终止的坐标来表示。如果一个矢量起始于点 A，终止于点 B，那么它可以表示为 $P_{AB} = (B_x - A_x)i + (B_y - A_y)j + (B_z - A_z)k$。特殊情况下，如果一个矢量起始于原点，如图 3-2 所示，则有

$$P = a_x i + b_y j + c_z k \qquad (3-2)$$

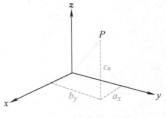

图 3-2 空间矢量的表示

式中，a_x、b_y、c_z为该矢量在参考坐标系中的 3 个分量。实际上，式（3-1）的空间点 P 就是用连接到该点的矢量来表示的，即由该矢量的 3 个分量来表示。空间矢量的 3 个分量也可以写成矩阵的形式，即

$$P = \begin{pmatrix} a_x \\ b_y \\ c_z \end{pmatrix} \tag{3-3}$$

3.1.3 坐标系的表示方法

一个中心位于参考坐标系原点的坐标系由 3 个矢量表示，通常这 3 个矢量相互垂直，称为单位矢量，分别表示法线（normal）、指向（orientation）和接近（approach）矢量，如图3-3所示，如前所述，每一个单位矢量都可由它所在参考坐标系中的 3 个分量表示，这样坐标系 $\{F\}$ 可以由 3 个矢量以矩阵的形式表示为

$$F = \begin{pmatrix} n_x & o_x & a_x \\ n_y & o_y & a_y \\ n_z & o_z & a_z \end{pmatrix} \tag{3-4}$$

如果一个坐标系 $\{F'\}$ 不在固定参考坐标系的原点，那么该坐标系的原点相对于参考坐标系的位置也必须表示出来。因此，在该坐标系原点与参考坐标系原点之间，用一个矢量 P 来表示该坐标系的位置，如图 3-4 所示，坐标系 $\{F'\}$ 就可以由 3 个表示方向的单位矢量，以及第 4 个位置矢量 P 来表示，即

$$F' = \begin{pmatrix} n_x & o_x & a_x & p_x \\ n_y & o_y & a_y & p_y \\ n_z & o_z & a_z & p_z \\ 0 & 0 & 0 & 1 \end{pmatrix} \tag{3-5}$$

图 3-3　坐标系在参考坐标系原点的表示方式　图 3-4　坐标系不在参考坐标系原点的表示方式

式（3-5）中，前 3 个矢量是 $\omega = 0$ 的方向矢量，表示该坐标系的 3 个单位矢量 n、o、a 的方向，而第 4 个矢量的 $\omega = 1$ 表示该坐标系原点相对于参考坐标系的位置。与单位矢量不同，矢量 P 的长度十分重要，因而使用比例因子为 1。坐标系也可以由一个没有比例因子的 3×4 矩阵表示，但不常用。

3.1.4 刚体的表示方法

在外力作用下，物体的形状和大小（尺寸）保持不变，而且内部各部分相对位置保持恒定（没有形变），这种理想的物理模型称为刚体。刚体的特性如下：

1）刚体上任意两点的连线在平动中是平行且相等的。

2）刚体上任意质元的位置矢量不同，相差一个恒定矢量，但各质元的位移速度和加速度却相同，因此常用刚体的质心来研究刚体的平动。

一个物体 B 在空间的表示，可通过在它上面固连一个坐标系{F}，再将该固连坐标系{F}在空间表示出来。由于固连坐标系{F}一直固连着该物体，所以该物体相对于固连坐标系{F}的位置和姿态（简称位姿）是已知的，因此只要固连坐标系{F}可以在空间表示出来，那么这个物体相对于原固定坐标系的位姿也就已知了，如图 3-5 所示。如前所述，物体空间坐标系可以用矩阵表示，其坐标原点及固连坐标系姿态的 3 个矢量也可以由该矩阵表示出来。于是有

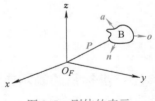

图 3-5　刚体的表示

$$\boldsymbol{F}_B = \begin{pmatrix} n_x & o_x & a_x & p_x \\ n_y & o_y & a_y & p_y \\ n_z & o_z & a_z & p_z \\ 0 & 0 & 0 & 1 \end{pmatrix} \tag{3-6}$$

3.2　位姿描述及坐标变换

学习指南

➤ 关键词：位姿、坐标。

➤ 相关知识：位置、姿态和位姿的坐标描述，坐标变换的概念。

➤ 小组讨论：分组讨论，各组采用数学方式分析工业机器人的位姿及坐标变换。

研究工业机器人的运动，需要用位置矢量和坐标系等来描述物体（如零件、工具、机械手）间的关系。

3.2.1　位置描述

一旦建立了一个坐标系，就能够用某个 3×1 的位置矢量来确定该空间内任意一点的位置。对于直角坐标系{A}，空间任一点 P 的位置，可用 3×1 的列矢量 $^A\boldsymbol{P}$ 表示为

$$^A\boldsymbol{P} = \begin{pmatrix} p_x \\ p_y \\ p_z \end{pmatrix} \tag{3-7}$$

式中，p_x、p_y、p_z 为点 P 在坐标系{A}中的 3 个坐标分量；$^A\boldsymbol{P}$ 为位置矢量，$^A\boldsymbol{P}$ 的上标 A 表示参考坐标系。

3.2.2　姿态描述

研究工业机器人的运动与操作，往往不仅要表示空间某个点的位置，而且需要表示物体的方位（Orientation）。物体的方位可由某个固连于此物体的坐标系描述。为了规定空间某

刚体 B 的方位，设置一个直角坐标系 {B} 与此刚体固连，用坐标系 {B} 的 3 个单位轴矢量 $[X_B, Y_B, Z_B]$ 相对于参考坐标系 {A} 的方向余弦组成的 3×3 矩阵来表示刚体相对于坐标系的方位，如图 3-6 所示，该矩阵称为旋转矩阵。即

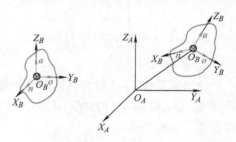

$$_B^A \boldsymbol{R} = [_B^A \boldsymbol{X} \ _B^A \boldsymbol{Y} \ _B^A \boldsymbol{Z}] \tag{3-8}$$

式中，$_B^A \boldsymbol{R}$ 上标 A 表示参考坐标系 {A}，下标 B 表示被描述的坐标系 {B}。

图 3-6　刚体上任一点的姿态坐标描述

旋转矩阵是研究工业机器人运动姿态的基础，它反映了刚体的定点旋转。经常用到的 3 个基本旋转变换，分别是绕 X、Y、Z 轴做转角为 θ 的旋转变换，其旋转矩阵分别为

$$\boldsymbol{R}(X, \theta) = \begin{pmatrix} 1 & 0 & 0 \\ 0 & \cos\theta & -\sin\theta \\ 0 & \sin\theta & \cos\theta \end{pmatrix} \tag{3-9}$$

$$\boldsymbol{R}(Y, \theta) = \begin{pmatrix} 1\cos\theta & 0 & \sin\theta \\ 0 & 1 & 0 \\ -\sin\theta & 0 & \cos\theta \end{pmatrix} \tag{3-10}$$

$$\boldsymbol{R}(Z, \theta) = \begin{pmatrix} \cos\theta & -\sin\theta & 0 \\ \sin\theta & \cos\theta & 0 \\ 0 & 0 & 1 \end{pmatrix} \tag{3-11}$$

3.2.3　位姿描述

上面讨论了采用位置矢量描述点的位置，以及用旋转矩阵描述物体的方位。要完全描述刚体 B 在空间的位姿（位置和姿态），通常将物体 B 与某一坐标系 {B} 相固连。{B} 的坐标原点一般选在物体 B 的特征点上，如质心等。相对参考系 {A}，坐标系 {B} 的原点位置和坐标轴的方位，分别由位置向量和旋转矩阵描述。这样，刚体 B 的位姿可由坐标系 {B} 来描述，即

$$\boldsymbol{B} = \{_B^A \boldsymbol{R} \ ^A \boldsymbol{p}_{B0}\} \tag{3-12}$$

当式（3-12）表示位置时，旋转矩阵 $_B^A \boldsymbol{R} = \boldsymbol{I}$（单位矩阵）；当表示方位时，位置矢量 $^A \boldsymbol{p}_{B0} = 0$。

3.2.4　坐标变换

空间中任意点 P 在不同坐标系中的描述是不同的。为了描述点 P 从一个坐标系到另一个坐标系的变换关系，需要讨论坐标系变换的数学问题。

1. 平移坐标变换

设坐标系 {B} 与 {A} 具有相同的方位，但坐标系 {B} 的原点与 {A} 的原点不重合。用位置矢量 $^A \boldsymbol{p}_{B0}$ 描述它相对于坐标系 {A} 的位置，如图 3-7 所示，称 $^A \boldsymbol{p}_{B0}$ 为坐标系 {B} 相对于 {A} 的平移矢量。如果点 P 在坐标系 {B} 中的位置矢量为 $^B \boldsymbol{P}$，那么它相对于坐标系 {A} 的位置向量 $^A \boldsymbol{P}$ 可由矢量相加得出，即

$$^A\boldsymbol{P} = {^B\boldsymbol{P}} + {^A\boldsymbol{p}_{B0}} \tag{3-13}$$

式(3-13)称为坐标平移方程。

2. 旋转坐标变换

设坐标系$\{B\}$与$\{A\}$有共同的坐标原点,但两者的方位不同,如图 3-8 所示。用旋转矩阵$^A_B\boldsymbol{R}$描述坐标系$\{B\}$相对于$\{A\}$的方位。同一点 P 在两个坐标系$\{A\}$和$\{B\}$中的描述$^A\boldsymbol{P}$和$^B\boldsymbol{P}$具有如下变换关系

$$^A\boldsymbol{P} = {^A_B\boldsymbol{R}}{^B\boldsymbol{P}} \tag{3-14}$$

式(3-14)称为坐标旋转方程。

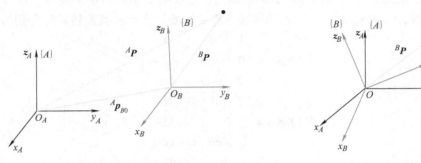

图 3-7　平移坐标变换　　　　图 3-8　旋转坐标变换

类似地,用$^B_A\boldsymbol{R}$描述坐标系$\{A\}$相对于$\{B\}$的方位。$^A_B\boldsymbol{R}$和$^B_A\boldsymbol{R}$都是正交矩阵,两者互逆。根据正交矩阵的性质$^A_B\boldsymbol{R}^{-1} = {^B_A\boldsymbol{R}^{\mathrm{T}}}$,$\lvert{^A_B\boldsymbol{R}}\rvert = 1$,可得

$$^R_A\boldsymbol{R} = {^A_B\boldsymbol{R}^{-1}} = {^B_A\boldsymbol{R}^{\mathrm{T}}} \tag{3-15}$$

对于最一般的情形,即坐标系$\{B\}$的原点与$\{A\}$的原点既不重合、$\{B\}$的方位和$\{A\}$的方位也不相同的情形,用位置矢量$^A\boldsymbol{p}_{B0}$描述坐标系$\{B\}$的坐标原点相对于$\{A\}$的位置;用旋转矩阵描述坐标系$\{B\}$相对于$\{A\}$的方位。

对于任一点在两坐标系$\{A\}$和$\{B\}$中的描述$^A\boldsymbol{P}$和$^B\boldsymbol{P}$具有如下变换关系

$$^A\boldsymbol{P} = {^A_B\boldsymbol{R}}{^B\boldsymbol{P}} + {^A\boldsymbol{p}_{B0}} \tag{3-16}$$

式(3-16)可看成坐标旋转和坐标平移的复合变换。若规定一个过渡坐标系$\{C\}$,使$\{C\}$的坐标原点与$\{B\}$的原点重合,且$\{C\}$的方位与$\{A\}$的相同,则根据式(3-14)可得出过渡坐标系的变换为

$$^C\boldsymbol{P} = {^C_B\boldsymbol{R}}{^B\boldsymbol{P}} = {^A_B\boldsymbol{R}}{^B\boldsymbol{P}} \tag{3-17}$$

再由式(3-13)可得复合变换为

$$^A\boldsymbol{P} = {^C\boldsymbol{P}} + {^A\boldsymbol{p}_{C0}} = {^A_B\boldsymbol{R}}{^B\boldsymbol{P}} + {^A\boldsymbol{p}_{B0}} \tag{3-18}$$

3.3　位姿的齐次坐标描述

学习指南

➤ 关键词:齐次坐标。

➤ 相关知识:齐次坐标的概念、点的齐次变换的概念、机械手位姿的齐次坐标描述。

➢ 小组讨论：分组讨论，各小组通过齐次变换方法，分析工业机器人点和机械手的位姿的改变方向。

3.3.1 点的齐次坐标

齐次坐标是将一个原本是 n 维的向量用一个 $n+1$ 维向量来表示。三维空间直角坐标系 $\{A\}$ 中点 P 的齐次坐标由 4 个数组成的 4×1 矩阵表示，具体为

$$P = \begin{pmatrix} x \\ y \\ z \\ \omega \end{pmatrix} \qquad (3\text{-}19)$$

式中，$\omega \neq 0$。x、y、z、ω 与点 P 相对于参考坐标系的坐标 p_x、p_y、p_z 的关系为

$$x = \omega p_x, \ y = \omega p_y, \ y = \omega p_z$$

故

$$p = \begin{pmatrix} p_x \\ p_y \\ p_z \\ 1 \end{pmatrix} = \begin{pmatrix} {}^A p \\ 1 \end{pmatrix} \qquad (3\text{-}20)$$

式（3-20）表明，点 P 的齐次坐标可由位置矢量及第 4 个分量 1 组成。

由以上公式可知：

1）齐次坐标的表示不唯一。$\omega \neq 0$ 时，式（3-19）与式（3-20）都表示三维空间中的同一点。

2）当 $\omega \neq 0$ 时，齐次坐标能确定三维空间中唯一的点。$P = [0\ 0\ 0\ 1]^T$ 表示坐标原点。

如图 3-9 所示，空间中某一物块 Q 可用 5 个点描述，则该物块位姿的描述为

$$Q = \begin{pmatrix} 1 & -1 & -1 & 1 & 0 \\ 0 & 0 & 0 & 0 & 2.5 \\ 0 & 0 & 2 & 2 & 0 \\ 1 & 1 & 1 & 1 & 1 \end{pmatrix} \qquad (3\text{-}21)$$

3）当 $\omega = 0$ 时，$P = [0\ 0\ 0\ 0]^T$ 没有意义。$P = [a\ b\ c\ 0]^T$（其中 $a^2 + b^2 + c^2 \neq 0$）表示空间的无穷远点。可用 OX 轴上的无穷远点 $[1\ 0\ 0\ 0]^T$ 表示 X 轴的方向，用 OY 轴上的无穷远点 $[0\ 1\ 0\ 0]^T$ 表示 Y 轴的方向，用 OZ 轴上的无穷远点 $[0\ 0\ 1\ 0]^T$ 表示 Z 轴的方向。

由上可知，当 $\omega \neq 0$ 时，用齐次坐标表示点的位置；当 $\omega = 0$ 且 $a^2 + b^2 + c^2 = 1$ 时，用齐次坐标表示矢量的方向。

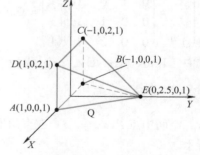

图 3-9　物块 Q 的初始位姿

3.3.2 机械手位姿的齐次坐标

由机械手的直角坐标可知，机械手的位姿由机械手坐标系 $\{B\}$ 的原点及旋转矩阵来描述。齐次坐标可描述矢量方向及点的位置，所以机械手的位姿可由矩阵表示为

$$T = [\boldsymbol{n} \ \boldsymbol{o} \ \boldsymbol{a} \ \boldsymbol{p}] = \begin{pmatrix} n_x & o_x & a_x & p_x \\ n_y & o_y & a_y & p_y \\ n_z & o_z & a_z & p_z \\ 0 & 0 & 0 & 1 \end{pmatrix} \qquad (3\text{-}22)$$

3.4 齐次坐标变换

学习指南

➢ 关键词：齐次坐标变换。

➢ 相关知识：工业机器人平移变换、旋转变换和复合变换的坐标描述。

➢ 小组讨论：分组讨论，各小组通过齐次坐标变换，分析工业机器人运动时位姿的改变。

3.4.1 平移变换

空间中点 $P(x, y, z)$ 在直角坐标系中平移至点 $P'(x', y', z')$，如图 3-10 所示，平移变换可表示为

$$\begin{cases} x' = x + \Delta x \\ y' = y + \Delta y \\ z' = z + \Delta z \end{cases} 或 \begin{pmatrix} x' \\ y' \\ z' \end{pmatrix} = \begin{pmatrix} x \\ y \\ z \end{pmatrix} + \begin{pmatrix} \Delta x \\ \Delta y \\ \Delta z \end{pmatrix} \qquad (3\text{-}23)$$

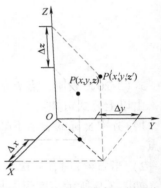

图 3-10　矢量在直角坐标系中的平移变换

若点 P、P' 用齐次坐标表示，则平移变换可表示为

$$\begin{pmatrix} x' \\ y' \\ z' \\ 1 \end{pmatrix} = \begin{pmatrix} 1 & 0 & 0 & \Delta x \\ 0 & 1 & 0 & \Delta y \\ 0 & 0 & 1 & \Delta z \\ 0 & 0 & 0 & 1 \end{pmatrix} \begin{pmatrix} x \\ y \\ z \\ 1 \end{pmatrix} = \mathrm{Trans}(\Delta x, \Delta y, \Delta z) \begin{pmatrix} x \\ y \\ z \\ 1 \end{pmatrix} \qquad (3\text{-}24)$$

式中，$\mathrm{Trans}(\Delta x, \Delta y, \Delta z)$ 称为平移算子。

3.4.2 旋转变换

空间中点 $P(x, y, z)$ 在直角坐标系中绕 Z 轴旋转 θ 角后至点 $P'(x', y', z')$，如图 3-11 所示。

因为 $P(x, y, z)$ 仅绕 Z 轴旋转，所以 Z 坐标不变，$z = z'$，且在 XOY 平面内，$OA = OA'$。则

$$\begin{cases} x = OA\cos\alpha \\ y = OA\sin\alpha \end{cases} \qquad (3\text{-}25)$$

$$\begin{cases} x' = OA'\cos(\alpha + \theta) = OA\cos(\alpha + \theta) \\ y' = OA'\sin(\alpha + \theta) = OA\sin(\alpha + \theta) \end{cases} \qquad (3\text{-}26)$$

由三角函数的加法定理可知

$$\sin(\alpha + \beta) = \sin\alpha\cos\beta + \cos\alpha\sin\beta$$
$$\cos(\alpha + \beta) = \cos\alpha\cos\beta - \sin\alpha\sin\beta \qquad (3\text{-}27)$$

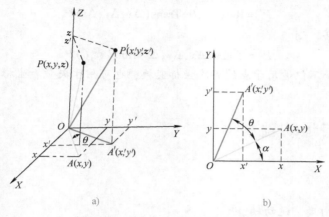

图 3-11　点在直角坐标系中的旋转

可知

$$\begin{cases} x' = OA(\cos\alpha\cos\theta - \sin\alpha\sin\theta) = OA\cos\alpha\cos\theta - OA\sin\alpha\sin\theta \\ y' = OA(\sin\alpha\cos\theta + \cos\alpha\sin\theta) = OA\sin\alpha\cos\theta + OA\cos\alpha\sin\theta \end{cases} \tag{3-28}$$

$$\begin{cases} x' = x\cos\theta - y\sin\theta \\ y' = y\cos\theta + x\sin\theta = x\sin\theta + y\cos\theta \end{cases} \tag{3-29}$$

点 $P(x, y, z)$ 与点 $P'(x', y', z')$ 之间的关系用矩阵表示为

$$\begin{pmatrix} x' \\ y' \\ z' \end{pmatrix} = \begin{pmatrix} \cos\theta & -\sin\theta & 0 \\ \sin\theta & \cos\theta & 0 \\ 0 & 0 & 1 \end{pmatrix} \begin{pmatrix} x \\ y \\ z \end{pmatrix} \tag{3-30}$$

若点 P、P' 用齐次坐标表示，则绕 Z 轴旋转变换可表示为

$$\begin{pmatrix} x' \\ y' \\ z' \\ 1 \end{pmatrix} = \begin{pmatrix} \cos\theta & -\sin\theta & 0 & 0 \\ \sin\theta & \cos\theta & 0 & 0 \\ 0 & 0 & 1 & 0 \\ 0 & 0 & 0 & 1 \end{pmatrix} \begin{pmatrix} x \\ y \\ z \\ 1 \end{pmatrix} = \mathrm{Rot}(z, \theta) \begin{pmatrix} x \\ y \\ z \\ 1 \end{pmatrix} \tag{3-31}$$

式中，Rot (z, θ) 为绕 Z 轴的旋转算子。

同理

$$\mathrm{Rot}(x, \theta) = \begin{pmatrix} 1 & 0 & 0 & 0 \\ 0 & \cos\theta & -\sin\theta & 0 \\ 0 & \sin\theta & \cos\theta & 0 \\ 0 & 0 & 0 & 1 \end{pmatrix} \tag{3-32}$$

$$\mathrm{Rot}(y, \theta) = \begin{pmatrix} \cos\theta & 0 & \sin\theta & 0 \\ 0 & 1 & 0 & 0 \\ -\sin\theta & 0 & \cos\theta & 0 \\ 0 & 0 & 0 & 1 \end{pmatrix} \tag{3-33}$$

注意：当逆时针旋转时，θ 为正值；当顺时针旋转时，θ 为负值。

3.4.3　复合变换

点或坐标系等发生变换时，既会发生平移变换也会发生旋转变换。若先平移后旋转，则

$$P' = \text{Rot}(\ast, \theta)\text{Trans}(\Delta x, \Delta y, \Delta z)P \qquad (3\text{-}34)$$

若先旋转后平移，则

$$P' = \text{Trans}(\Delta x, \Delta y, \Delta z)\text{Rot}(\ast, \theta)P \qquad (3\text{-}35)$$

注意：变换算子不仅适用于点的齐次坐标变换，也可用于矢量、坐标系和物体的齐次坐标变换。

3.5 自由度与运动轴

 学习指南

> 关键词：自由度、运动轴。

> 相关知识：工业机器人自由度和运动轴的定义。

> 小组讨论：各小组分别进行工业机器人自由度的辨认，并对工业机器人运动轴进行辨认与分类。

3.5.1 自由度

物体上任何一点都与坐标轴的正交集合有关。物体能够对坐标系进行独立运动的数目称为自由度（Degree of Freedom，DOF）。空间中的一个点只有 3 个自由度，它只能沿 3 条参考坐标轴移动；但在空间的一个刚体有 6 个自由度，也就是说它不仅可以沿着 X、Y、Z 3 个轴移动，还可以绕着这 3 个轴转动。

物体在空间所能进行的运动，如图 3-12 所示，包括：沿着坐标轴 OX、OY 和 OZ 的 3 个平移运动 T_1、T_2 和 T_3；绕着坐标轴 OX、OY 和 OZ 的 3 个旋转运动 R_1、R_2 和 R_3。

一个刚体在三维空间内有 6 个自由度，所以工业机器人的机械手在三维空间内自由运动时至少需要 6 个自由度。

所谓机器人的自由度，就是整个机器人所能够产生的独立运动轴的数目，包括直线、回转、摆动运动，但是不包括末端执行器本身的运动。工业机器人的自由度根据其用途设计，可能小于 6 个自由度，也可能大于 6 个自由度。

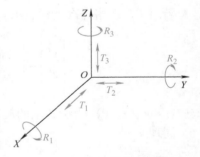

图 3-12　空间中物体自由度的定义

如果机器人的自由度超过 6 个，多余的自由度称为冗余自由度（Redundant Degree of Freedom）。利用冗余自由度可以增加机器人的灵活性，躲避障碍物和改善动力性能。

在三维空间作业的多自由度机器人，第 1~3 轴驱动的 3 个自由度，通常用于手腕基准点的空间定位；第 4~6 轴则用来改变末端执行器姿态。但在机器人实际工作时，定位和定向动作往往是同时进行的，因此需要多轴同时运动。机器人的自由度与作业要求相关。自由度越多，执行器的动作就越灵活，适应性也就越强，其结构和控制也就越复杂。对于作业要求不变的批量作业机器人来说，运行速度、可靠性是其最重要的技术指标，自由度则可在满足作业要求的前提下适当减少；而对于多品种、小批量作业的机器人来说，通用性、灵活性指标显得更加重要，这种机器人就需要有较多的自由度。

通常而言，机器人的每一个关节都可驱动执行器产生一个主动运动，这一自由度称为主动自由度，一般有平移、回转、绕水平轴线的垂直摆动、绕垂直轴线的水平摆动四种，其结构示意图如图3-13a～d所示。

a) 平移   b) 回转   c)垂直摆动   d)水平摆动

图3-13 主动自由度的四种结构示意图

当机器人有多个串联关节时，可根据其机械结构依次连接各关节来表示机器人的自由度。图3-14为常见的六轴垂直串联和三轴水平串联机器人自由度的表示方法，其他结构形态机器人的自由度表示方法类似。

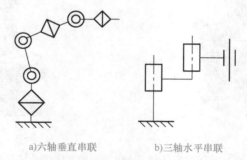

a)六轴垂直串联   b)三轴水平串联

图3-14 六轴垂直串联和三轴水平串联机器人自由度的表示方法

3.5.2 运动轴

1. 机器人运动轴

工业机器人运动轴按其功能可划分为机器人轴、基座轴和工装轴，基座轴和工装轴统称外部轴。

机器人轴：操作本体的轴，属于机器人本身，目前实际生产中使用的工业机器人以六轴为主。

基座轴：使机器人移动的轴的总称，主要指行走轴（移动滑台或导轨）。

工装轴：除机器人轴、基座轴以外轴的总称，指使工件、工装夹具翻转和回转的轴，如回转台、翻转台等。

2. 工业机器人本体运动轴

不同品牌的工业机器人，其本体运动轴的定义不同，如图3-15所示，大体分为两类：

1）主轴（基本轴）：用于保证末端执行器达到工作空间任意位置的轴。
2）次轴（腕部轴）：用于实现末端执行器任意空间姿态的轴。

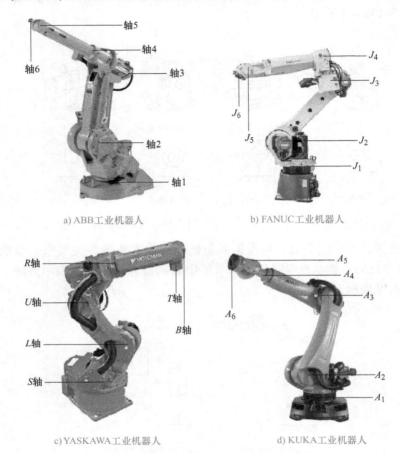

a) ABB工业机器人　　　　　　　　b) FANUC工业机器人

c) YASKAWA工业机器人　　　　　　d) KUKA工业机器人

图 3-15　各品牌工业机器人的本体运动轴

表 3-1 列出了常见品牌工业机器人本体运动轴的定义，其基本功能都是相同的。

表 3-1　常见品牌工业机器人本体运动轴的定义

轴类型	轴名称				动作说明
	ABB	FANUC	YASKAWA	KUKA	
主轴（基本轴）	轴 1	J_1	S 轴	A_1	本体回旋
	轴 2	J_2	L 轴	A_2	大臂运动
	轴 3	J_3	U 轴	A_3	小臂运动
次轴（腕部轴）	轴 4	J_4	R 轴	A_4	手腕旋转运动
	轴 5	J_5	B 轴	A_5	手腕上下摆运动
	轴 6	J_6	T 轴	A_6	手腕圆周运动

3.6　机器人运动坐标系

➤ 关键词：运动坐标系。

➤ 相关知识：基坐标系、大地坐标系、工件坐标系、工具坐标系的概念。

➤ 小组讨论：分组讨论，辨别各类运动坐标系的位置。

指定机器人空间定位位置的点称为机器人控制点，又称工具控制点（Tool Control Point，TCP）。控制点的空间位置与定位时的运动方向，需要用坐标系的形式规定。多关节机器人的运动复杂，控制系统可以根据需要选择合适的坐标系来规定控制点的空间位置及运动方向。

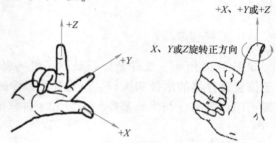

图 3-16　笛卡儿坐标系右手判定法则

工业机器人采用笛卡儿坐标系，可用右手判定法则判定 XYZ 的正、负方向以及绕着 XYZ 旋转的正、负方向，如图 3-16 所示。

3.6.1　基坐标系

如图 3-17 所示，基坐标系在机器人基座中有相应的零点，从而使固定安装的机器人的移动具有可预测性。因此其坐标系对于将机器人从一个位置移动到另一个位置很有帮助。

3.6.2　大地坐标系

如图 3-18 所示，大地坐标系，在工作单元或工作站中的固定位置有其相应的零点，有助于处理若干个机器人或由外轴移动的机器人。在默认情况下，大地坐标系与基坐标系是一致的。

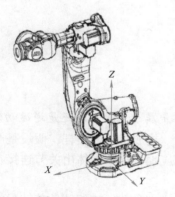

图 3-17　基坐标系

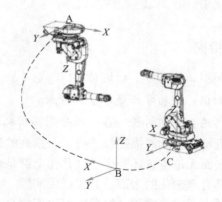

图 3-18　大地坐标系

A—机器人 1 的基坐标系　B—大地坐标系　C—机器人 2 的基坐标系

3.6.3　工具坐标系

如图 3-19 所示，工具坐标系是以工具为基准指定控制点位置的虚拟笛卡儿坐标系，选择工具坐标系时，可通过 X/Y/Z 来规定机器人控制点的运动。工具坐标系用来定义 TCP 的位置和工具的姿态。执行程序时，机器人将 TCP 移至编程位置。这意味着，如果要更改工具，机器人的移动将随之更改，以便新的 TCP 到达目标。所有机器人在手腕处都有一个预定义工具坐标系，该坐标系被称为 tool0，从而能将一个或多个新工具坐标系定义为 tool0 的偏移值。

3.6.4　工件坐标系

如图 3-20 所示，工件坐标系是以工件为基准来指定控制点位置的虚拟笛卡儿坐标系，用于位置寄存器的示教和执行、位置补偿指令的执行等，可简化编程。工件坐标系拥有两个框架：用户框架（与大地基座相关）和工件框架（与用户框架相关）。

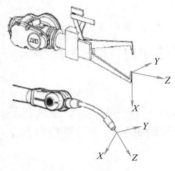

图 3-19　工具坐标系

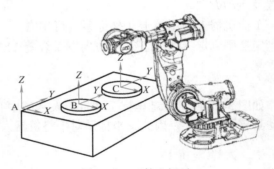

图 3-20　工件坐标系

A—用户框架　B—工件框架 1　C—工件框架 2

3.7　工业机器人运动学计算

学习指南

➢ 关键词：正运动学、逆运动学。

➢ 相关知识：运动学正逆向分析特点。

➢ 小组讨论：分组讨论，各小组分别判断机器人运动学是属于正运动学还是逆运动学。

机器人机构运动学的描述都进行了一系列的理想化假设。构成机构的连杆，假设是严格的刚体，其表面无论位置还是形状在几何上都是理想的。相应地，这些刚体由关节连接在一起，关节也具有理想化的表面，其接触无间隙。

通过机器人运动学方程，机器人可以用它自己各关节的详细参数，如旋转关节转过的角度和滑动关节移动的距离，定义一个机械任意组成部分的位姿。要做到这一点，需要用一系列的线条来描述机器人。

假设有一个构型已知的机器人，其所有连杆、长度和关节角度都是已知的，那么计算机器人手的位姿就称为正运动学分析。换言之，如果已知所有机器人的关节变量，用正运动学方程就能计算任一瞬间机器人的位姿。然而，如果想要将机器人的手放在一个期望的位姿，就必须知道机器人的每一个连杆的长度和关节的角度，才能将手定位在所期望的位姿，这称为逆运动学分析。也就是说，逆运动学分析不是把已知的机器人关节变量代入正运动学方程中，而是要设法找到这些方程的逆，从而求得所需的关节变量，使机器人放置在期望的位姿。运动学计算所解决的问题如图 3-21 所示。

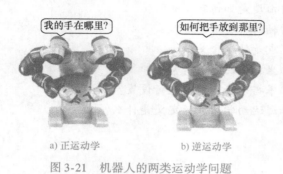

图 3-21　机器人的两类运动学问题

3.7.1　正运动学计算

已知工业机器人的各关节变量，求末端执行器位置的计算即为正运动学计算，也称为顺运动学计算。工业机器人中，若第一个连杆相对于固定坐标系的位姿可用齐次变换矩阵 A_1 表示，第二个连杆相对于第一个连杆坐标系的位姿用齐次变换矩阵 A_2 表示，则第二个连杆相对于固定坐标系的位姿可用矩阵 T_2 表示为

$$T_2 = A_1 A_2 \tag{3-36}$$

3.7.2　逆运动学计算

控制工业机器人时，为了使得末端执行器到达空间中给定的位置并满足姿势要求，需要知道满足此位姿时的各关节角度，从而控制各关节的电动机。已知工业机器人末端执行器的位姿，求各关节变量的计算即为反运动计算，也称为逆运动学计算。

正运动学计算比较简单，逆运动学计算相对要复杂，且存在无解或多个解的情况。

本 章 小 结

本章为工业机器人的运动学基础，通过数学方法对工业机器人的运动进行分析研究，并使用矩阵、空间矢量、位置矢量和坐标系等概念来描述物体（如零件、工具或机械手）间的关系，进而表示工业机器人的运动姿态，从理论上解释了工业机器人的运动原理。同时，对工业机器人自由度、运动轴、运动坐标系、正运动学计算及逆运动学计算等概念进行描述与解释，更进一步明确了工业机器人机构运动的特点和原理，便于读者对工业机器人运动学进行总体的掌握。

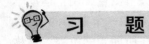 习　题

1. 单位矢量的定义是什么？
2. 什么叫工业机器人的位姿？
3. 工业机器人绕 X、Y、Z 轴的旋转算子分别是什么？
4. 工业机器人的自由度是如何定义的？
5. 工业机器人运动轴的种类有哪些？
6. 工业机器人控制点是什么含义？
7. 工业机器人运动坐标系的种类有哪些？
8. 工具的移动可以根据哪个坐标系进行设置？
9. 正运动学计算和逆运动学计算的定义是什么？

第4章

工业机器人的机械结构

教学导航

> 章节概述：本章主要介绍了工业机器人的机械结构，主要包括工业机器人的机械本体、末端执行器、驱动方式、传动装置等的构成及特点，帮助读者掌握工业机器人的机械结构及其要点，为后续章节的学习打下良好的基础。

> 知识目标：熟悉工业机器人的机械本体、末端执行器、驱动方式及传动装置，掌握各部分机械机构的特点及工作原理，进一步认识并理解工业机器人的运动形式。

> 能力目标：能够根据需求选择合适的工业机器人末端执行器，并准确把握各类驱动装置的特点及其应用范围，以便在设计应用时得心应手。

工业机器人的机械结构主要由机器人机械本体、末端执行器、驱动方式和传动装置组成。其中，机器人机械本体是整个机械结构的核心，主要由机座、臂部、腕部、末端执行器（或手部）组成，如图4-1所示。工业机器人为了完成工作任务，必须配置操作执行机构，操作执行机构相当于人的手部，有时也称为机械手或末端执行器。而连接末端执行器和臂部的部分相当于人的手腕，称为腕部，其作用是改变末端执行器的空间方向和将载荷传递到臂部。臂部连接机座和腕部，主要作用是

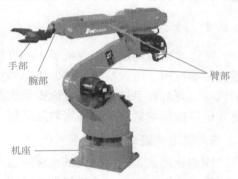

图4-1　机器人机械本体构成

改变手部的空间位置，满足工业机器人的工作范围，并将各种载荷传递到机身。机座是机器人的基础部分，起着支承作用，对于固定式机器人，机座直接固定在地面基础上；对移动式机器人，机座则安装在行走机构上。

4.1　工业机器人的机座

学习指南

> 关键词：机座、固定式、移动式。

> 相关知识：工业机器人机座的分类及特点，各行走机座的定义及特点，工业机器人各类机座的特点和区别。

> 小组讨论：通过查阅资料，分小组讨论各类工业机器人机座的特点，汇报各类机座的应用环境和使用范围。

机座是工业机器人的基础部分，起着支承作用。工业机器人机座有固定式和行走式两种。其中，固定式机器人的机座直接接地安装，也可以固定在机身上，其机座往往与机身做成一体，机身与臂部相连，机身支承臂部，臂部又支承腕部和手部；而移动机器人的机座大

多安装在其行走机构上。

4.1.1 固定式机座

固定式机座结构比较简单。固定式机座的安装方法分为直接地面安装、架台安装和底板安装三种形式。

1）地面安装。机器人机座直接安装在地面上时，需将底板埋入混凝土中或用地脚螺栓固定。底板要求尽可能稳固，以经受得住机器人手臂传递的反作用力。底板与机器人机座用高强度螺栓连接。

2）架台安装。机器人机座用架台安装在地面上时，与机器人机座直接安装在地面上的要领基本相同。机器人机座与架台用高强度螺栓固定连接，架台与底板用高强度螺栓固定连接。

3）底板安装。机器人机座用底板安装在地面上时，用螺栓孔将底板安装在混凝土地面或钢板上。机器人机座与底板用高强度螺栓固定连接。

4.1.2 行走式机座

行走式机座满足了工业机器人的可行走条件，是行走机器人的重要执行部件，由驱动装置、传动机构、位置检测元件、传感器、电缆及管路等组成。行走式机座一方面支承机器人的机身、臂部和手部；另一方面带动机器人按照工作任务的要求进行运动。工业机器人的行走式机座按运动轨迹分为固定轨迹式行走机座和无固定轨迹式行走机座。

1. 固定轨迹式行走机座

固定轨迹式工业机器人的机座安装在一个可移动的拖板座上，由丝杠螺母驱动，整个机器人沿丝杠纵向移动。这类机器人除了采用这种直线行走方式外，有时也采用类似起重机梁的行走方式等。这种可移动机器人主要用在作业区域大的场合，如大型设备装配，立体化仓库中的材料搬运、材料堆垛和储运、大面积喷涂等。

2. 无固定轨迹式行走机座

一般而言，无固定轨迹式行走机座主要有轮式行走机座、履带式行走机座、足式行走机座。此外，还有适合于各种特殊场合的步进式行走机座、蠕动式行走机座、混合式行走机座和蛇行式行走机座等。

本文主要介绍轮式行走机座、履带式行走机座和足式行走机座。

4.1.3 轮式行走机座

轮式行走机器人是工业机器人中应用最多的一种，主要行走在平坦的地面上。车轮的形状和结构形式取决于地面的性质和车辆的承载能力。在轨道上运行的轮式行走机器人多采用实心钢轮，室外路面行驶多采用充气轮胎，室内平坦地面上运行可采用实心轮胎。

轮式行走机座依据车轮的多少分为一轮、二轮、三轮、四轮以及多轮。轮式行走机座在实现上的主要障碍是稳定性问题，实际应用的轮式行走机座多为三轮和四轮。

1. 三轮行走机座

三轮行走机座具有一定的稳定性，典型的车轮配置方式是一个前轮，两个后轮，如

图 4-2 所示，P 点为两轮中点；OP 为轴向向量，用于行走建模。图 4-2a 的机座两个后轮独立驱动，前轮仅起支承作用，靠后轮转向，利用两轮的转速差实现方向的变化；图 4-2b 则采用前轮驱动、前轮转向的方式，由前轮提供驱动力和方向，后轮仅从动；图 4-2c 为利用两后轮差动减速器减速、前轮提供转向的方式，实现动力和方向的变化。

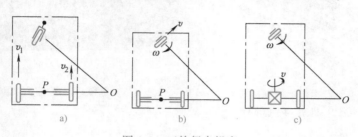

图 4-2　三轮行走机座

v、v_1、v_2—线速度　ω—角速度

2. 四轮行走机座

四轮行走机座的应用最为广泛，四轮行走机座可采用不同的方式实现驱动和转向，如图 4-3 所示。图 4-3a 为后轮分散驱动；图 4-3b 为用差动轮实现四轮同步转向，当前轮转动时，通过差动轮使后轮得到相应的偏转。这种行走机座相比仅有前轮转向的行走机座而言可实现更灵活的转向和较大的回转半径。

具有四组轮子的轮系，其运动稳定性有很大的提高。但是，要保证四组轮子同时和地面接触，必须使用特殊的轮系悬架系统。它需要四个驱动电动机，控制系统比较复杂，造价也较高。

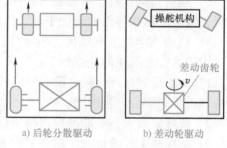

a) 后轮分散驱动　　b) 差动轮驱动

图 4-3　四轮行走机座

3. 越障轮式机座

普通车轮行走机座对崎岖不平的地面适应性很差，为了提高轮式行走机座的地面适应能力，设计了越障轮式机座。这种行走机座往往是多轮式行走机座，在此不做介绍。

4.1.4　履带式行走机座

履带式行走机座适合在未建造的天然路面行走，它是轮式行走机座的拓展，履带的作用是给车轮连续铺路。图 4-4 为双重履带式行走机座机器人。

1. 履带式行走机座的组成及形状

（1）履带式行走机座的组成　履带式行走机座由履带、驱动链轮、支承轮、托带轮和张紧轮组成，如图 4-5 所示。

（2）履带式行走机座的形状　履带式行走机座的形状有很多种，主要有一字形、倒梯形等。一字形履带式行走机座，驱动轮及张紧轮兼作支承轮，增大支承地面面积，改善了稳定性。倒梯形履带式行走机座，不做支承轮的驱动轮与张紧轮装得高于地面，适合于穿越障碍等场所。

工业机器人技术基础

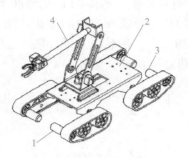 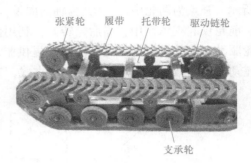

图 4-4 双重履带式行走机座机器人
1、3—张紧轮 2—机座 4—抓取臂杆

图 4-5 履带式行走机座的组成

2. 履带式行走机座的特点

履带式行走机座的优点如下：

1）支承面积大，接地比压小，适合在松软或泥泞场地进行作业，下陷度小，滚动阻力小。

2）越野机动性好，可以在有些凹凸的地面上行走，可以跨越障碍物，能爬梯度不大的台阶，爬坡、越沟等性能均优于轮式行走机座。

3）履带支承面上有履齿，不易打滑，牵引附着性能好，有利于发挥较大的牵引力。

履带式行走机座的缺点如下：

1）由于没有自定位轮，没有转向机构，只能靠左右两个履带的速度差实现转弯，所以转向和前进时都会产生滑动。

2）转弯阻力大，不能准确地确定回转半径。

3）结构复杂，重量大，运动惯性大，减振功能差，零件易损坏。

4.1.5 足式行走机座

轮式行走机座只有在平坦坚硬的地面上行驶才有理想的运动特性。如果地面凹凸和车轮直径相当或地面很软，则它的运动阻力将大大增加。履带式行走机座虽然可行走于不平的地面上，但它的适应性不够，行走时晃动太大，在软地面上行驶运动速度慢。大部分地面不适合传统的轮式或履带式机器人行走。但是，足式机器人却能在这些地方行动自如，显然足式与轮式和履带式行走方式相比具有独特的优势。现有的步行机器人的足数分别为单足、双足、三足、四足、六足、八足甚至更多。足的数目越多，越适合于重载和慢速运动。双足和四足具有良好的适应性和灵活性。足式行走机座如图 4-6 所示。

在足式行走机座中，两足行走式机器人具有良好的适应性，也称为类人双足行走机器人。类人双足行走机座是多自由度的控制系统，其结构简单，但在静、动行走性能及稳定性和高速运动等方面有缺陷。两足行走式机器人行走机座原理如图 4-6a 所示，在行走过程中，行走机座始终满足静力学的静平衡条件，也就是说机器人的重心始终落在接触地面的一只脚上。其典型特征是不仅能在平地上，而且能在凹凸不平的地上步行，能跨越沟壑，上下台阶，具有广泛的适应性；其设计难点是机器人跨步时自动转移重心而保持平衡的问题，而且为了能变换方向和上下台阶，两足行走式机器人的行走机座一定要具备多自由度，以确保其

40

稳定性。

图4-6b 是模仿六足昆虫行走的机器人，它的每条腿有三个转动关节。行走时，三条腿为一组，足部端以相同位移、定时时间间隔进行移动，可以实现 XY 平面内任意方向的行走和原地转动。

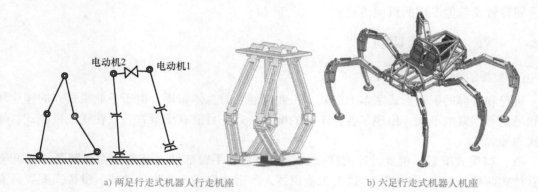

a) 两足行走式机器人行走机座　　　　　　　　b) 六足行走式机器人机座

图4-6　足式行走机座

4.2 工业机器人的臂部

学习指南

➤ 关键词：臂部、垂直移动、径向移动、回转运动。

➤ 相关知识：工业机器人臂部的运动和组成，工业机器人臂部的机构配置和驱动。

➤ 小组讨论：通过查阅资料，分小组讨论各类机器人臂部的特点和组成，汇报各类臂部的机构配置和驱动。

工业机器人的手臂部件（简称臂部）是机器人的主要执行部件，它的作用是支承腕部和末端执行器，并带动腕部和手部进行运动。臂部是为了让机器人的机械手或末端执行器可以达到任务所要达到的位置。

4.2.1 臂部的运动及组成

1. 臂部的运动

工业机器人要完成空间的运动，至少需要完成三个自由度的运动，即垂直移动、径向移动和回转运动。

（1）垂直移动　垂直移动是指机器人手臂的上下运动。这种运动通常采用液压缸机构或通过调整机器人机身在垂直方向上的安装位置来实现。

（2）径向移动　径向移动是指手臂的伸缩运动。机器人手臂的伸缩使其手臂的工作范围发生变化。

（3）回转运动　回转运动是指机器人绕铅垂轴的转动。这种运动决定了机器人的手臂所能达到的角度位置。

2. 臂部的组成

工业机器人的臂部主要包括臂杆，以及与其伸缩、屈伸或自转等运动有关的传动装置、导向定位装置、支承连接和位置检测元件等。此外，还有与其相连的支承构件、配套管线等。根据臂部的运动轨迹、工件摆位布局、驱动方式、传动和导向装置的不同，可分为伸缩臂、屈伸臂及其他专用的机械传动臂。

4.2.2 臂部的配置及驱动

1. 臂部的配置

机身和臂部的配置形式基本上反映了工业机器人的总体布局。由于工业机器人的作业环境和场地等因素的不同，出现了各种不同的配置形式。目前有横梁式、立柱式、机座式、屈伸式四种。

（1）横梁式配置　机身设计成横梁式，用于悬挂手臂部件，通常分为单臂悬挂式和双臂悬挂式两种，如图4-7所示。这类工业机器人的运动形式大多为移动式。横梁式配置具有占地面积小，能有效利用空间，动作简单、直观等优点。横梁可以是固定的，也可以是行走的，一般横梁安装在厂房原有建筑的柱梁或有关设备上，也可从地面上架设。

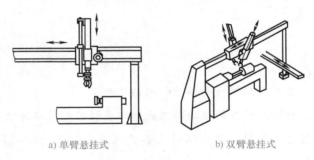

a) 单臂悬挂式　　　　b) 双臂悬挂式

图4-7　横梁式配置

（2）立柱式配置　立柱式配置多采用回转型、俯仰型或屈伸型运动形式，是一种常见的配置形式。立柱式配置常分为单臂式和双臂式两种。一般臂部都可在水平面内回转，具有占地面小而工作范围大的特点。立柱可固定安装在空地上，也可以固定在架台上。立柱式结构简单，主要承担上、下料或转运等工作。

（3）机座式配置　这种机器人可以是独立的、自成系统的完整装置，可以随意安放和搬动，也可以沿地面上的专用轨道移动，以扩大其活动范围。

（4）屈伸式配置　屈伸式配置的工业机器人的手臂部由大小臂组成，大小臂间有相对运动，称为屈伸臂。屈伸臂与机身连在一起，结合工业机器人的运动轨迹，不但可以实现平面运动，还可以做空间运动，其形状如图4-8所示。

2. 臂部的驱动

工业机器人臂部的驱动方式主要有液压驱动、气动驱动和电动机驱动等，其中电动机驱动方式最为通用。

臂部伸缩机构行程小时，采用油（气）缸直接驱动；当臂部伸缩机构行程较大时，可采用油（气）缸驱动齿轮齿条传动的倍增机构或步进电动机及伺服电动机驱动，也可用丝

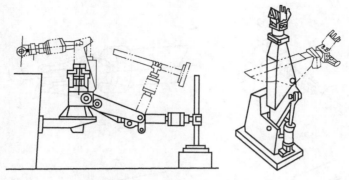

图 4-8　屈伸式配置

杠螺母副传动。为了增加手臂的刚性，防止手臂在伸缩运动时绕轴线转动或产生变形，臂部伸缩机构须设置导向装置，或设计成方形、花键等形式的臂杆。常用的导向装置有单导向杆和双导向杆等，可根据手臂的结构、抓重等因素选取。

手臂的俯仰通常采用摆动油（气）缸驱动、铰链连杆机构传动实现。臂部与升降机构的回转常采用回转缸与升降缸单独驱动，适用于升降行程短而回转角度小的情况；也有用升降缸与气动马达—锥齿轮传动的机构。

4.3　工业机器人的腕部

学习指南

> 关键词：腕部、运动分类、驱动方式。

> 相关知识：工业机器人腕部的运动方式及分类，工业机器人腕部的驱动方式，工业机器人柔顺腕的装配知识。

> 小组讨论：通过查阅资料，分小组讨论各类工业机器人腕部的运动和分类，汇报各类腕部的机构特点和驱动方式。

4.3.1　腕部的运动

1. 腕部的运动方式

腕部是臂部与手部的连接部件，起支承手部和改变手部姿态的作用。为了使手部能处于空间任意方向，要求腕部能实现绕空间三个坐标轴 X、Y、Z 的转动，即具有偏转（Yaw）、俯仰（Pitch）和翻转（Roll）三个自由度。图 4-9 为腕部坐标系，以及臂转、手转和腕摆。工业机器人一般需要具有六个自由度才能使手部（末端执行器）达到目标位置和处于期望的姿态，使手部能处于空间任意方向，要求腕部能实现对空间三个坐标轴 X、Y、Z 的旋转运动。

2. 腕部的翻转

腕部翻转是指腕部绕小臂轴线的转动，又称为臂转。一些工业机器人限制其腕部转动角小于 360°；另一些工业机器人则仅仅受控制电缆缠绕圈数的限制，腕部可以转几圈。按腕

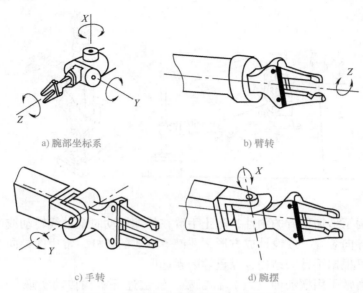

a) 腕部坐标系   b) 臂转

c) 手转   d) 腕摆

图 4-9　腕部坐标系及臂转、手转和腕摆

部转动特点的不同，腕部关节的转动又可细分为滚转和弯转两种。滚转是指组成关节的两个零件自身的几何回转中心和相对运动的回转轴线重合，因而可实现 360°旋转。无障碍旋转的关节运动通常用 R 来标记，如图 4-10a 所示。弯转是指两个零件的几何回转中心和其相对转动轴线垂直的关节运动，由于受到结构限制，其相对转动角度一般小于 360°。弯转通常用 B 来标记，如图 4-10b 所示。

3. 工业机器人的手转

手转是指腕部的上下摆动，这种运动也称为俯仰，又称为腕部弯曲，见图 4-9c。

4. 工业机器人的腕摆

工业机器人的腕摆是指机器人腕部的水平摆动，又称为腕部侧摆。腕部的旋转和俯仰两种运动结合起可以看成是侧摆运动，通常机器人的侧摆运动由一个单独的关节提供，如图 4-9d 所示。

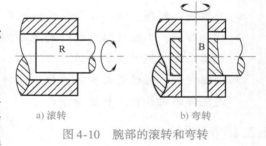

a) 滚转   b) 弯转

图 4-10　腕部的滚转和弯转

腕部运动多为上述臂转、手转、腕摆三个运动方式的组合，组合的方式可以有多种。常见腕部运动的组合方式有臂转-腕摆-手转结构和臂转-双腕摆-手转结构等，分别如图 4-11 所示。

4.3.2　腕部的分类

工业机器人腕部按自由度个数可分单自由度腕部、二自由度腕部和三自由度腕部。采用几个自由度的腕部应根据工业机器人的工作性能来确定。在有些情况下，腕部具有两个自由度：回转和俯仰或回转和偏转。一些专用机械手甚至没有腕部，但有的腕部为了特殊要求还有横向移动的自由度。

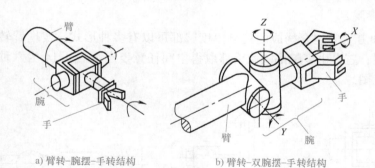

a) 臂转-腕摆-手转结构　　　　　b) 臂转-双腕摆-手转结构

图 4-11　常见腕部运动的组合方式

1. 单自由度腕部

（1）单一的臂转功能　工业机器人的关节轴线与手臂的纵轴线共线，回转角度不受结构限制，可以回转 360°。该运动用滚转关节（R 关节）实现，如图 4-12a 所示。

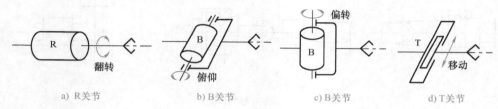

a) R关节　　　　b) B关节　　　　c) B关节　　　　d) T关节

图 4-12　单自由度腕部

（2）单一的手转功能　工业机器人的关节轴线与手臂及手的轴线相互垂直，回转角度受结构限制，通常小于 360°。该运动用弯转关节（B 关节）实现，如图 4-12b 所示。

（3）单一的侧摆功能　工业机器人的关节轴线与手臂及手的轴线在另一个方向上相互垂直，回转角度受结构限制。该运动用弯转关节（B 关节）实现，如图 4-12c 所示。

（4）单一的平移功能　工业机器人的腕部关节轴线与手臂及手的轴线在一个方向上成一平面，不能转动只能平移。该运动用平移关节（T 关节）实现，如图 4-12d 所示。

2. 二自由度腕部

工业机器人的腕部可以由一个弯转关节和一个滚转关节联合构成的弯转滚转 BR 关节实现，或由两个弯转关节组成的 BB 关节实现，但不能用两个滚转关节 RR 构成二自由度腕部，因为两个滚转关节的运动是重复的，实际上只起到单自由度的作用，如图 4-13 所示。

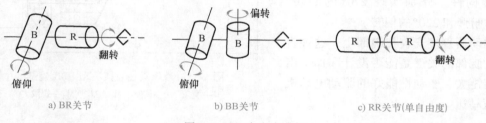

a) BR关节　　　　b) BB关节　　　　c) RR关节(单自由度)

图 4-13　二自由度腕部

3. 三自由度腕部

由 R 关节和 B 关节组合构成的三自由度腕部可以有多种形式，实现臂转、手转和腕摆功能。可以证明，三自由度腕部能使手部取得空间任意姿态。图 4-14 为六种三自由度腕部的组合方式示意图。

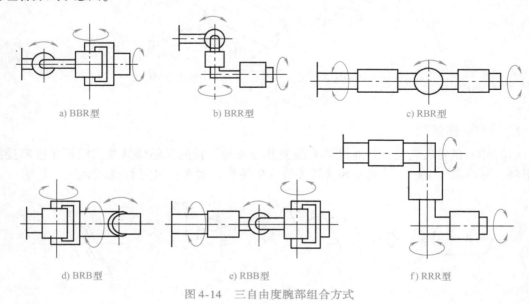

a) BBR型
b) BRR型
c) RBR型
d) BRB型
e) RBB型
f) RRR型

图 4-14　三自由度腕部组合方式

4.3.3　腕部的驱动方式

多数工业机器人将腕部结构的驱动部分安排在小臂上。首先设法使几台电动机的运动传递到同轴旋转的心轴和多层套筒上去，当运动传入腕部后再分别实现各个动作。从驱动方式看，腕部驱动一般有两种形式，即直接驱动和远程驱动。

1. 直接驱动

直接驱动是指驱动器安装在腕部运动关节的附近，直接驱动关节运动，传动刚度好，但腕部的尺寸和质量大、惯量大，具体如图 4-15 所示。图中的三个关节在液压马达的带动下，通过油路的回转构件，分别实现 270° 的回转、220°的俯仰和 220°的偏转。

驱动器直接安装在腕部上，这种直接驱动腕部的关键是能否设计和加工出驱动转矩大、驱动性能好的驱动电动机或液压马达。

220°
偏转
270°
回转
220°
俯仰
W
M1
M2
M3
L

图 4-15　液压马达直接驱动 BBR 腕部

W—宽度　*L*—长度　M_1、M_2、M_3—螺纹

2. 远程驱动

远距离传动方式的驱动器安装在工业机器人的大臂、机座或小臂远端，通过机构间接驱

动腕部关节运动，因而腕部的结构紧凑，尺寸和质量小，对改善工业机器人的整体性能有好处，但传动设计复杂，传动刚度也有所降低。如图4-16所示，轴Ⅰ做回转运动，轴Ⅱ做俯仰运动，轴Ⅲ做偏转运动，进而带动轴Ⅳ做回转运动。

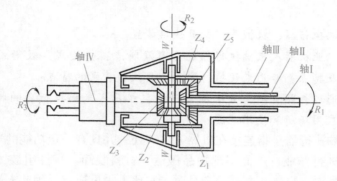

图4-16 远程驱动腕部

$Z_1 \sim Z_5$—齿轮　R_1、R_2、R_3—轴的旋转半径　W—轴的转矩

3. 柔顺装配

一般来说，在用工业机器人进行精密装配作业中，当被装配零件不一致，工件的定位夹具的定位精度不能满足装配要求时，会导致装配困难，这就要求装配操作要具有柔顺性。柔顺装配技术有两种，包括主动柔顺装配和被动柔顺装配。

（1）主动柔顺装配　装配过程中，各零配件检测、角度控制、不同路径搜索方法的应用，都可以形成装配或校正过程中的传感反馈，都对实现边校正边装配有着直接的影响。如在机械手上安装视觉传感器、力传感器等检测元件，这种柔顺装配称为主动柔顺装配。主动柔顺装配须配备一定功能的传感器，造价较高。

（2）被动柔顺装配　被动柔顺装配是利用不带动力的机构来控制机械手的运动，以补偿其位置误差。在需要被动柔顺装配的机器人结构里，一般是在腕部配置一个角度可调的柔顺环节以满足柔顺装配的需要。被动柔顺装配腕部结构比较简单，造价比较低，装配速度快。相比主动柔顺装配技术，它要求装配件要有倾角，允许的校正补偿量受到倾角的限制，轴孔间隙不能太小。采用被动柔顺装配的机器人腕部称为机器人的柔顺腕部，如图4-17所示。

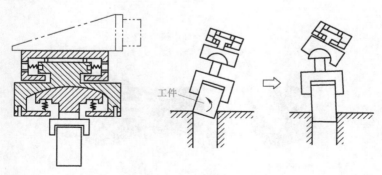

图4-17 柔顺腕部

4.4 工业机器人的末端执行器

😑 学习指南

➤ 关键词：末端执行器、机械手、工具快换装置。

➤ 相关知识：工业机器人末端执行器的分类及特点，夹钳式、吸附式和磁吸式末端执行器的定义及特点，专用末端执行器和工具快换装置的特点；

➤ 小组讨论：通过查阅资料，分小组讨论各类机器人末端执行器的特点，汇报各类末端执行器的应用场所和使用范围。

工业机器人末端执行器是指连接在机器人关节处，并具有一定功能的工具。工业机器人通过其末端执行器进行作业，进而实现物品搬运、材料装卸、零件组装、焊接、喷涂等工作，尤其是在处理高温、危化、有毒等产品时，它比人手更适合。因此末端执行器种类的多样性直接影响工业机器人的工作柔性，影响工业机器人工作质量的高低。常见的末端执行器主要有机器人机械手，或进行某种作业的专用工具，如焊枪、油漆喷头、吸盘。

工业机器人末端执行器可根据用途、工作原理、夹持方式和运动形式等来进行分类，具体如下：

1. 根据用途分类

根据用途来分，工业机器人末端执行器可分为机械手和工具。

1）机械手：具有一定的通用性，其功能是抓住工件、握持工件、释放工件。

2）工具：进行作业的专用工具。机器人直接用于抓取、握紧（或吸附）专用工具（如喷枪、扳手、焊具、喷头）来进行操作的部件。

2. 根据工作原理分类

根据工作原理来分，工业机器人末端执行器可分为手指式和吸附式。

1）手指式：单指式、多指式；单关节式、多关节式。

2）吸附式：气吸式、磁吸式。

3. 根据夹持方式分类

根据夹持方式来分，工业机器人末端执行器可分为外夹式、内撑式和内外夹持式，如图 4-18 所示。

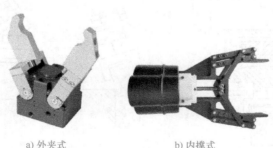

a) 外夹式　　　　　　　　b) 内撑式

图 4-18　外夹式和内撑式末端执行器

1）外夹式：手部与被夹件的外表面相接触，进行夹持。

2）内撑式：手部与工件的内表面相接触，进行夹持。

3）内外夹持式：手部与工件的内、外表面相接触，进行夹持。

4. 根据运动形式分类

根据运动形式来分，工业机器人末端执行器可分为回转型、平动型和平移型，如图4-19所示。

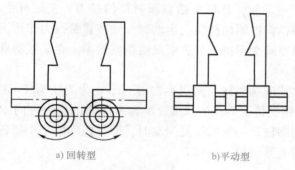

a) 回转型   b)平动型

图4-19　不同运动形式的末端执行器

1）回转型：当机械手夹紧和松开物体时，手指做回转运动。但当被抓物体的直径大小变化时，需要调整机械手的位置才能保持物体的中心位置不变。

2）平动型：手指由平行丝杠机构传动，当机械手夹紧和松开物体时，手指姿态不变，做平动。

3）平移型：当机械手夹紧和松开工件时，手指做平移运动，并保持夹持中心固定不变，不受工件直径变化的影响。平移型运动较为复杂，在此不做论述。

4.4.1　夹钳式末端执行器

夹钳式末端执行器是工业机器人最常用的一种手指式末端执行器，它通过手指的开闭动作实现对物体的夹持，具体如图4-20所示。

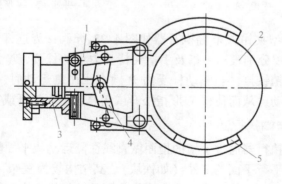

图4-20　夹钳式末端执行器

1—支架　2—工件　3—驱动装置　4—传动机构　5—手指

夹钳式末端执行器根据手指开合的动作特点，可分为回转型和平移型。回转型末端执行器又可分为单支点回转和多支点回转；另外，还可根据机械手夹紧是摆动还是平动，将回转型末端执行器分为摆动回转型和平动回转型。

1. 回转型夹钳式末端执行器

回转型夹钳式末端执行器的手指就是一对杠杆，一般与斜楔、滑槽、连杆、齿轮、蜗轮蜗杆或螺杆等机构组成复合式杠杆传动机构，用以改变传动比和运动方向等。

斜楔式回转型夹钳式末端执行器如图 4-21 所示 N 为工件受力方向，θ 为斜楔的角度。斜楔驱动杆受力 P 向下运动时，杠杆手指克服弹簧的拉力，使杠杆手指装着滚子的一端向外撑开，从而夹紧工件；斜楔驱动杠向上运动时，则在弹簧拉力作用下使手指松开。手指与斜楔通过滚子接触，可以减少摩擦力，进而提高机械效率。在某些特殊的简化设计中，可以直接让手指与斜楔接触。

滑槽式回转型夹钳式末端执行器如图 4-22 所示，α 为圆柱销杆可以移动的角度，a 为手指的夹持半径，b 为铰销夹持受力点的长度，N 为 V 形指的受力方向。驱动杆上的圆柱销套在滑槽内，当驱动杆同圆柱销一起做往复运动时，即可拨动两个手指各绕其铰销做相对回转运动，从而实现手指的夹紧与松开动作。

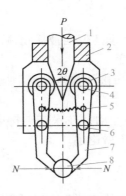

图 4-21　斜楔式回转型夹钳式末端执行器

1—斜楔驱动杆　2—壳体　3—滚子　4—圆柱销
5—弹簧　6—铰销　7—手指　8—工件

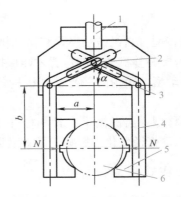

图 4-22　滑槽式回转型夹钳式末端执行器

1—驱动杆　2—圆柱销　3—铰销
4—手指　5—V 形指　6—工件

双支点连杆式回转型夹钳式末端执行器如图 4-23 所示 α 为连杆 4 可以移动的角度，a 为手指的夹持半径，l、l' 分别表示手指及手指夹持受力点的长度，N 为 V 形指的受力方向。驱动杆末端与连杆由铰销铰接，当驱动杆受力 P 做直线往复运动时，通过连杆推动两杆手指分别绕支点做回转运动，从而使得 V 形指松开或闭合，进而松开或夹紧工件。

2. 平移型夹钳式末端执行器

平移型夹钳式末端执行器通过手指的指面做直线往复运动或平面移动来实现张开或闭合动作，常用于夹持具有平行平面的工件（如铁块）。其结构较为复杂，应用不如回转型夹钳式末端执行器广泛。平移型传动机构可分为直线往复移动机构和平面平行移动机构，它们都可构成平移型夹钳式末端执行器。

1）直线往复移动机构：能实现直线往复运动的机构很多，常用的有斜楔传动、齿条传动、螺旋传动等，均可应用于末端执行器，如图 4-24 所示，R_1、R_2 为圆半径，F_N 为 V 形指的受力，T 为电动机转矩。直线往复移动机构既可以是双指型的，也可是三指（或多指）型的；既可以自动定心，也可以非自动定心。

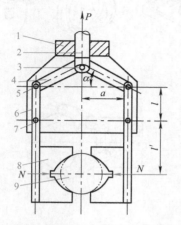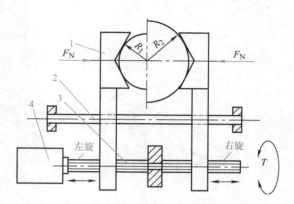

图4-23　双支点连杆式回转型夹钳式末端执行器

1—壳体　2—驱动杆　3—铰销　4—连杆
5，7—圆柱销　6—手指　8—V形指　9—工件

图4-24　平移型夹钳式末端执行器

1—V形指　2—从动轴　3—主动轴　4—电动机

2）平面平行移动机构：由一个平面往复运动所构成的铰链机构，与直线往复移动机构一样，都可以形成平行四边形类的铰链机构——双曲柄铰链四连杆机构，以实现手指平移；差别在于传动方法的不同，即分别采用齿条齿轮、蜗杆蜗轮、连杆斜滑槽的传动方法。扇齿轮是做扇面平滑移动的一种平面平行移动机构，在高精度、高平滑性场合得到广泛应用。图4-25为扇齿轮平移传动。图中，P 为驱动杆的受力方向；R 为扇齿轮半径。

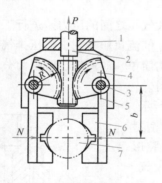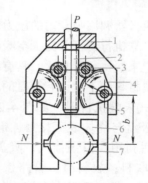

a) 通用扇齿轮平移机构　　　　b) 带中间齿轮的扇齿轮平移机构

图4-25　扇齿轮平移传动

1—壳体　2—驱动杆　3—中间齿轮　4—扇齿轮　5—手指　6—V形指　7—工件

手指是直接与工件接触的部件，它的结构形式常取决于工件的形状和特性。常用的手指有V形指、平面指、尖指或薄、长指，以及特形指，如图4-26所示。一般V形指用于夹持圆柱形工件，V形指指端形状如图4-27所示。平面指用于夹持方形工件（具有两个平行平面）、方形板或细小棒料。尖指和薄、长指用于夹持小型、柔性或炽热工件。特形指用于夹持形状不规则的工件。如图4-26和图4-27所示。

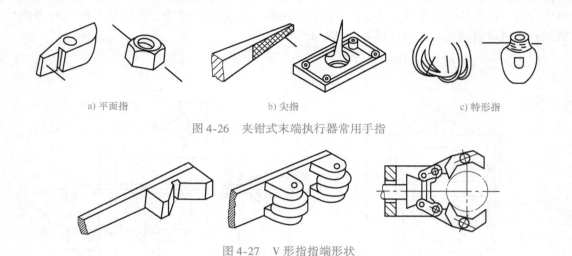

a) 平面指　　　　　　　　b) 尖指　　　　　　　　c) 特形指

图 4-26　夹钳式末端执行器常用手指

图 4-27　V 形指指端形状

指面的形状常有光滑指面、齿形指面和柔性指面等。光滑指面用来夹持已加工表面；齿形指面用来夹持表面粗糙的毛坯或半成品；柔性指面用来夹持已加工表面、炽热工件，也适于夹持薄壁工件和脆性工件。

4.4.2　吸附式末端执行器

吸附式末端执行器靠吸附力取料，多用于大平面（单面接触无法抓取）、易碎（玻璃、磁盘）或微小的物体。根据吸附原理的不同，吸附式末端执行器可分为气吸附和磁吸附两种。

1. 气吸附式末端执行器

气吸附式末端执行器利用吸盘内的压力和大气压之间的压力差进行工作。按形成压力差的方法，气吸附式末端执行器可分为真空吸附、气流负压吸附、挤压排气吸附等。气吸附式末端执行器与夹钳式末端执行器相比，具有结构简单、质量轻、吸附力分布均匀等优点，广泛应用于吸附非金属材料和不允许有剩磁的材料。

（1）真空吸附式末端执行器　如图 4-28 所示，取料时，碟形橡胶吸盘与物体表面接触，起到密封与缓冲的作用，然后利用真空泵抽气，吸盘内腔形成真空，实施吸附取料；放料时，管路接通大气，失去真空，物体放下。真空吸附式末端执行器工作可靠，吸附力大，但需要配备真空系统，应用成本高。

（2）气流负压吸附式末端执行器　如图 4-29 所示，取料时，压缩空气高速流经喷嘴，其出口处的气压低于橡胶吸盘腔内的气压，于是腔内的气体被高速气流带走而形成负压，完成取料动作；放料时切断压缩空气即可。气流负压吸附式末端执行器需要压缩空气，工厂里较易取得，成本较低，工厂用

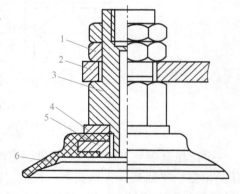

图 4-28　真空吸附式末端执行器

1—螺母　2—基板　3—支承杆　4—垫片
5—固定环　6—橡胶吸盘

得较多。

（3）挤压排气吸附式末端执行器 如图4-30所示，取料时，吸盘压紧物体，橡胶吸盘变形，挤出腔内多余的空气，取料手上升，依靠橡胶吸盘的恢复力形成负压，将物体吸住；放料时，压下拉杆，使吸盘腔与大气相通而失去负压。挤压排气吸附式末端执行器结构简单，但吸附力小，吸附状态不易长期保持。

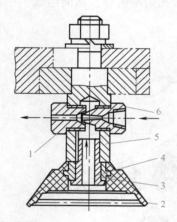

图4-29 气流负压吸附式末端执行器
1—喷嘴套 2—橡胶吸盘 3—心套
4—透气螺钉 5—支承杆 6—喷嘴

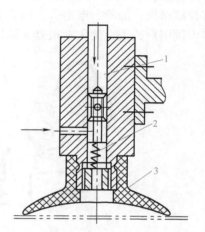

图4-30 挤压排气吸附式末端执行器
1—拉杆 2—弹簧 3—橡胶吸盘

2. 磁吸附式末端执行器

磁吸附式末端执行器利用电磁铁通电后产生的电磁吸力进行取料，它仅对铁磁物体起作用，而不能用于抓取某些不允许有剩磁的工件，因此磁吸附式末端执行器的使用具有一定的局限性。

电磁铁的工作原理如图4-31a所示，当线圈1通电后，在铁心2内外产生磁场，磁力线经过铁心、空气隙和衔铁3被磁化并形成回路。衔铁受到电磁吸力F的作用被牢牢吸住。实际使用时，往往采用如图4-31b所示的盘式电磁铁，衔铁是固定的，衔铁内用隔磁材料将磁力线切断，当衔铁接触磁铁工件时，工件被磁化形成磁力线回路并受到电磁吸力而被吸住。

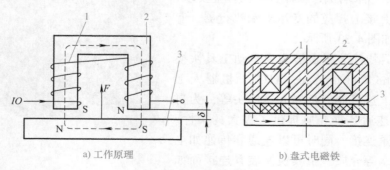

a) 工作原理 b) 盘式电磁铁

图4-31 磁吸附式末端执行器
1—线圈 2—铁心 3—衔铁

4.4.3　专用末端执行器

　　工业机器人作为一种通用性很强的自动化设备,配置各种专用的末端执行器后,就能完成各种生产任务。如在通用机器人上安装焊枪就成为一台焊接机器人;安装吸附式末端执行器则成为一台搬运机器人。目前有许多由专用电动、气动工具改型而成的操作器,如图4-32所示,有拧螺母机、焊枪、电磨头、电铣头、抛光头、激光切割机等,从而组成了一整套系列操作器库供用户选用,使工业机器人能胜任各种工作。

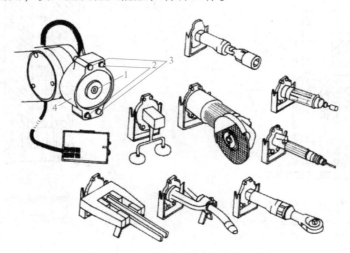

图 4-32　各种末端执行器或操作器
1—气路接口　2—定位销　3—电接头　4—电磁吸盘

4.4.4　工具快换装置

　　由于有的工业机器人工作站需要承担多种不同的任务,因此在作业时需要自动更换不同的末端执行器,使用机器人工具快换装置能快速装卸机器人的末端执行器。工具快换装置由两部分组成:换接器插座和换接器插头,分别装在机器腕部和末端执行器上,能够实现机器人快速自动更换末端执行器。

　　具体实施时,各种末端执行器存放在工具架上,组成一个专用末端执行器库,根据作业要求,自行从工具架上接上相应的专用末端执行器,专用末端换接器如图4-33所示。

　　机器人工具快换装置也被称为自动工具快换装置(Automatic Tool Change,ATC)、机器人工具快换、机器人连接器、机器人连接头等,为自动更换工具并连通各种介质提供了极大的柔性。它可以自动锁紧连接,同时可以连通和传递如电信号、气体、水等介质,工具快换装置连接面如

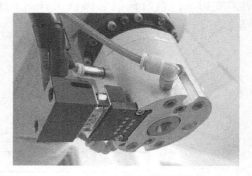

图 4-33　专用末端换接器

图4-34所示。大多数的机器人连接器使用气体锁紧主侧和工具侧,能承受末端执行器的工

作载荷，在失电、失气情况下，机器人停止工作时不会自行脱离，同时具备气源、电源及信号的快速连接与切换功能，并具有一定的换接精度等。

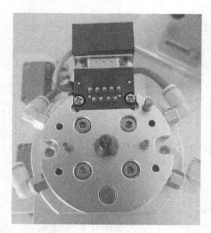

图 4-34 工具快换装置连接面

4.5 工业机器人的驱动方式

学习指南

> 关键词：电动驱动、液压驱动、气动驱动。
> 相关知识：工业机器人的各种驱动方式，电动驱动、液压驱动和气压驱动的定义、特点及应用场合，伺服电动机、步进电动机及其驱动器的组成及特点。
> 小组讨论：通过查阅资料、查看实训设备，分小组讨论机器人伺服电动机驱动、步进电动机驱动、液压驱动、气动驱动的特点，汇报这些设备驱动方式的工作原理和应用特点。

工业机器人的驱动系统主要由驱动器和传动机构两部分组成，且驱动器向机械结构系统各部件提供动力，并通过传动机构的进一步运动，实现工业机器人作业。而有些工业机器人可避开驱动器，直接通过减速器、同步带、齿轮等机械传动机构进行间接驱动，实现作业。

工业机器人的驱动系统分类如图 4-35 所示。

工业机器人的驱动方式主要有三类：电动（电动机）驱动、液压驱动和气动驱动。早期的工业机器人大多选用液压驱动，后来随着伺服电动机的出现，电动驱动机器人逐渐增多。工业机器人可以单独采用一种驱动方式，也可采用混合驱动方式。如有些喷涂机器人、重载点焊机器人和搬运机器人采用电—液伺服驱动系统，不仅具有点位控制和连续轨迹控制功能，并具有防爆功能。

4.5.1 电动驱动

电动驱动系统利用各种电动机产生力和力矩，实现电能向动能的转化，进而直接或间接地驱动机器人各关节动作。电动驱动方式控制精度高，定位精确，反应灵敏，可实现高速、高精度的连续轨迹控制，适用于中小负载，或要求具有较高的位置控制精度及速度较高的工

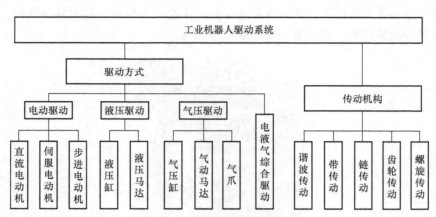

图 4-35　工业机器人驱动系统分类

业机器人。特别是伺服电动机，如图 4-36 所示，因其具
有较高的可靠性和稳定性，并且具有较大的短时过载能
力，广泛应用于交流伺服喷涂机器人、点焊机器人、弧焊
机器人和装配机器人等。

电动机型号种类较多，如图 4-37 所示。其中直流电
动机、伺服电动机或步进电动机，均可使用在对点位重复
精度和运行速度有较高要求的场合；而直驱电动机适用于
对速度、精度要求均很高的场合或洁净环境中。

图 4-36　伺服电动机

　　a) 步进电动机　　　　b) 直流电动机　　　c) 直流伺服电动机　　　d) 交流伺服电动机

图 4-37　各种电动机

1. 永磁式直流电动机

永磁式直流电动机有很多不同的类型，如图 4-38 所示。低成本的永磁式直流电动机使
用陶瓷（铁基）磁铁，玩具机器人和非专业机器人常应用这种电动机。无铁心的转子式电
动机通常用在小机器人上，有圆柱形和圆盘形两种结构。这种电动机有很多优点，如电感系
数很低，摩擦很小且没有嵌齿转矩。其中圆盘电枢式电动机总体尺寸较小，同时有很多换向
极，可以产生具有低转矩的平稳输出。无铁心电枢式电动机的缺点在于热容量很低，这是因
为其质量小，同时传热的通道受到限制，在高功率工作负载下，它们有严格的工作循环间隙
限制以及被动空气散热需求。有刷直流电动机换向时有火花，对环境的防爆性能较差。

2. 无刷直流电动机

无刷直流电动机使用光学或者磁场传感器以及电子换向电路来代替石墨电刷以及铜条式
换向器，因此可以减小摩擦、瞬间放电及换向器的磨损。如图 4-39 所示，无刷直流电动机利用霍尔式传感器感应电动机转子所在的位置，然后决定开启（或关闭）换流器中功率晶体管的顺序，产生旋转磁场，并与转子的磁铁相互作用，使电动机顺时/逆时针转动。无刷直流电动机降低了电动机的复杂性，但其使用的电动机控制器要比有刷直流电动机的控制器更复杂，造价也要更高。

图4-38　永磁式直流电动机

图4-39　无刷直流电动机

3. 交流伺服电动机

交流伺服电动机在工业机器人中应用最广，实现了位置、速度和力矩的闭环控制，其精度由编码器的精度决定，如图4-40所示。交流伺服电动机具有反应迅速、速度不受负载影响、加减速快、精度高等优点。它不仅高速性能好，一般额定转速能达到2000~3000r/min，而且低速运行平稳；同时抗过载能力强，能承受3倍于额定转矩的负载，特别适用于有瞬间负载波动和要求快速起动的场合。

4. 步进电动机

步进电动机是将电脉冲信号变换为相应的角位移或线位移的元件。它的角位移和线位移量与脉冲数成正比，转速或线速度与脉冲频率成正比。在负载能力范围内，这些关系不因电源电压、负载大小、环境条件的波动而变化，误差不会长期积累，但由于其控制精度受步距角限制，调速范围相对较小，高负载或高速度时易失步，低速运行时会产生振动等缺点。所以步进电动机一般只应用于小型或简易型机器人中，如图4-41所示。

图4-40　交流伺服电动机及其驱动器

图4-41　步进电动机及其驱动器

4.5.2 液压驱动

工业机器人液压驱动方式中应用较多的是液压伺服控制驱动系统，它主要由液压源、驱动器、伺服阀、传感器和控制回路组成，如图 4-42 所示，P_S 为供油压力，P_R 为回油压力。

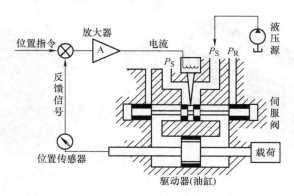

图 4-42　液压伺服控制驱动系统

液压源将液压油供到伺服阀，给定位置指令值与位置传感器的实测值之差，经由放大器放大后送到伺服阀。当信号输入到伺服阀时，压力油被供到驱动器并驱动载荷；当反馈信号与输入指令值相同时，驱动器便停止工作。伺服阀是液压伺服系统中不可缺少的一部分，它利用电信号实现液压系统的能量控制。在响应快、载荷大的伺服系统中往往采用液压驱动器，原因在于液压驱动器的输出力与重量比最大。

电液伺服阀是电液伺服系统中的放大转换元件，它把输入的小功率信号，转换并放大成液压功率输出，实现执行元件的位移、速度、加速度及力的控制。

4.5.3 气动驱动

气动驱动的工作原理与液压驱动相同，由压缩空气来推动气缸运动进而带动元件运动。气动驱动气体压缩性大，精度低，阻尼效果差，低速不易控制，难以实现伺服控制，能效比较低，但其结构简单，成本低，适用于轻负载，快速驱动，精度要求较低的有限点位控制的工业机器人中，如冲压机器人，还可用于点焊等较大型通用机器人的气动平衡中，或用于装备机器人的气动夹具。

常见的气动驱动系统如图 4-43 所示。

图 4-43 中，气动驱动系统大致由气源、气动三联件、气动阀与气动动力机构组成。气源包括空气压缩机（气泵）、储气罐、汽水分离器与调压过滤器等；气动三联件包括分水滤气器、调压器和油雾器等；气动阀包括电磁气阀、节流调速阀和减速阀等；气动动力机构多采用直线气缸和摆动气缸。最终气缸连接机器人执行机构，产生所需的运动。

图 4-44 所示的气爪就是典型的气动驱动系统，也是工业机器人末端执行器的常用工具。

气爪运动时，气泵、油水分离器控制阀与夹具采用气管相连，机器人控制器与电磁阀采用电线相连，一般采用 24V 或 220V 电源控制电磁阀的通断来调整气流的走向。

气爪具有动作迅速、结构简单、造价低等优点，缺点是操作力小、体积大、速度不易控制、响应慢、动作不稳定，有冲击。此外，由于空气在负载作用下会压缩和变形，使得气缸

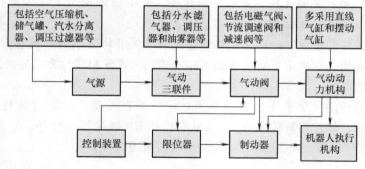

图 4-43　气压驱动系统

的精确控制很难实现。

图 4-44　气爪

　　还有一种柔性机械手，也可以使用气动驱动方式。它由柔性材料做成，其一端固定在气动阀上形成气动回路，另一端作为自由端用来抓取工件，整个形状为如双手半弯合拢的柔性管状机械手。当一侧管内充气体、另一侧管内抽气时，会形成压力差，柔性机械手就向抽空侧弯曲。此种柔性机械手适用于抓取轻型，圆形物体，如玻璃器皿等。

4.6　工业机器人的传动装置

学习指南

➢ 关键词：滚珠丝杠、行星齿轮、RV 减速器。

➢ 相关知识：工业机器人传动装置的组成特点，机器人轴承的定义、结构与分类，滚珠丝杠的原理及特点、齿轮的分类及特点，行星齿轮的结构特点，RV 减速器的组成及工作原理，谐波齿轮的定义、工作原理及特点，同步带的工作原理和特点。

➤ 小组讨论：通过查阅资料、查看实训设备，分小组讨论工业机器人的传动装置，汇报这些传动装置的工作位置和应用特点。

工业机器人的传动装置以一种高效能的方式通过关节将驱动器和机器人连杆结合起来，其效能取决于传动比。它决定了驱动器到连杆的转矩、速度和惯性之间的关系，其选用和计算与一般的机械传动装置大致相同。

工业机器人的传动装置主要包含机器人轴承、丝杠传动、齿轮（圆柱齿轮、锥齿轮、齿轮链、齿轮齿条、蜗轮蜗杆传动等）、行星齿轮和 RV 减速器，此外，工业机器人还常用柔性元件传动（谐波齿轮传动、绳传动和同步齿形带传动等）。

4.6.1 工业机器人轴承

轴承作为各种机械的旋转轴或可动部位的支承元件，其主要功能是支承机械旋转体，用以降低设备在传动过程中的机械载荷摩擦系数。它是机器人关节刚度设计中应考虑的关键因素之一，对机器人的运转平稳性、重复定位精度、动作精确度以及工作的可靠性等关键性能指标具有重要影响。根据工作时的摩擦性质，机器人轴承可分为滚动轴承和滑动轴承两大类。本节主要介绍滚动轴承。

1. 轴承结构

滚动轴承通常由外圈、内圈、滚动体和保持器四个主要部件组成，如图 4-45 所示。对于密封轴承，还要加上润滑剂和密封圈（或防尘盖）。

其中，内圈和外圈统称套圈，内圈外圆面和外圈内圆面上都有滚道（沟）起导轮作用，限制滚动体侧面移动，同时也起到增大滚动体与圈的接触面，以降低接触应力的作用。滚动体（钢球、滚子或滚针，如图 4-46 所示）在轴承内通常借助保持架均匀地排列在两个套圈之间做滚动运动。滚动体是保证轴承内外套圈之间具有滚动摩擦的零件，它的形状、大小和数量直接影响轴承的负载能力和使用性能。

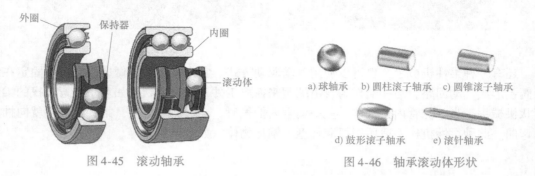

图 4-45 滚动轴承

图 4-46 轴承滚动体形状

a) 球轴承　b) 圆柱滚子轴承　c) 圆锥滚子轴承　d) 鼓形滚子轴承　e) 滚针轴承

最适合于工业机器人的关节部位或者旋转部位的轴承有两大类：一类是等截面薄壁轴承，另一类是交叉滚子轴承。

2. 等截面薄壁轴承

等截面薄壁轴承又称为薄壁套圈轴承，如图 4-47 所示。等截面薄壁轴承与普通轴承不同，这种轴承每个系列中的横截面尺寸被设计为固定值，它不随内径尺寸增大而增大，故称为等截面薄壁轴承。

等截面薄壁轴承具有如下特点：

1）极度轻且需要空间小。要提高工业机器人的刚度—质量比值，就需要使用空心或者薄壁结构元件。大内孔、小横截面的薄壁轴承的使用，既节省了空间，又降低了重量，大直径的空心轴内部可容纳水管、电缆等，确保了轻量化和配线的空间，使主机的轻型化、小型化成为可能。

2）小外径钢球的使用，显著降低了摩擦，实现了低摩擦转矩，高刚性，以及良好的回转精度。

3. 交叉滚子轴承

交叉滚子轴承的圆柱滚子或圆锥滚子在呈 90°的 V 形沟槽滚动面上通过隔离块被相互垂直地排列，如图 4-48 所示，所以交叉滚子轴承可承受径向负载、轴向负载及力矩负载等多方向的负载，适用于工业机器人的关节部和旋转部，即腰部、肘部、腕部等部位。

图 4-47　等截面薄壁轴承　　　　　　图 4-48　交叉滚子轴承

交叉滚子轴承具有如下特点：

1）具有出色的旋转精度，可达到 P5、P4、P2 级。

2）安装、操作简便。

3）承载能力大，刚性好。

4.6.2　丝杠传动

普通丝杠传动是由一个旋转的精密丝杠驱动一个螺母沿丝杠轴向移动，螺母丝杆如图 4-49 所示。由于普通丝杠的摩擦力较大，效率低，惯性大，在低速时容易产生爬行现象，而且精度低，回差大，因此在工业机器人上很少采用。低成本工业机器人可使用普通丝杠传动装置，它的特点是在光滑的轧制丝杠上采用有热塑性塑料的螺母。

工业机器人上经常采用滚珠丝杠。通常情况下，装有循环球的螺母通过与丝杠的配合将旋转运动转换成直线运动。滚珠丝杠很容易与线性轴匹配，是旋转运动与直线运动相互转换的理想传动装置。

1. 滚珠丝杠的工作原理

在丝杠和螺母上加工有弧形螺旋槽，当把它们套装在一起时便形成螺旋滚道，并且滚道内填满滚珠。当丝杠相对于螺母做旋转运动时，滚珠沿着滚道滚动，在丝杠上滚过数圈后，通过回程引导装置（回珠器），滚回到丝杠和螺母之间，构成一个闭合的回路管道。由于滚珠的存在，在传动过程中所受的摩擦是滚动摩擦，极大地减小了摩擦力，因此提高了传动效率，且运动响应速度快，如图 4-50 所示。

图 4-49　螺母丝杠　　　　　　　　　图 4-50　滚珠丝杠剖面图

根据回珠方式的不同，滚珠丝杠可以分为内循环式和外循环式两种，如图 4-51 所示。

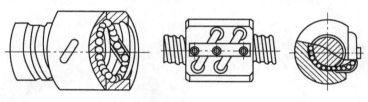

a) 内循环式　　　　　　　　　　　　b) 外循环式

图 4-51　内循环式与外循环式滚珠丝杠

2. 滚珠丝杠的特点

（1）摩擦损失小、传动效率高　与传统的滑动丝杠相比，滚珠丝杠的驱动力矩降到其 1/3 以下，即达到同样运动结果，滚珠丝杠所需的动力为使用滑动丝杠的 1/3。

（2）精度高　精确的丝杠可以获得很低或为零的齿隙。目前滚珠丝杠是用世界高水平的机械设备连贯生产制造的，完善的品质管理体制使其精度得以充分保证。

（3）微进给和高速进给运动　滚珠丝杠利用滚珠运动，能够保证实现精确的微进给和高速进给运动。

（4）轴向刚度高　滚珠丝杠可以加预压力，由于预压力可使轴向间隙达到负值，进而得到较高的刚性。对短距和中距行程而言，丝杠刚度比较好，但由于丝杠只能在两端被制成，所以它在长距行程中的刚度降低。

（5）具有传动的可逆性　滚珠丝杠可以将旋转运动转化为直线运动，也可以将直线运动转化为旋转运动并传递动力。

4.6.3　齿轮传动

1. 齿轮分类

根据中心轴平行与否，齿轮可分为两轴平行齿轮与两轴不平行齿轮。

两轴平行齿轮又可进一步分类如下：

1）按轮齿方向分，齿轮可分为斜齿轮、直齿轮和人字齿轮，如图 4-52 所示。

a) 斜齿轮

b) 直齿轮　　　　　　　　c) 人字齿轮

图 4-52　按轮齿方向分类

2）按齿轮啮合情况分，齿轮可分为外啮合、内啮合和齿轮齿条，如图 4-53 所示。

a) 外啮合　　　　　　b) 内啮合　　　　　　c) 齿轮齿条

图 4-53　按齿轮啮合情况分类

　　两轴不平行齿轮又可分为相交轴齿轮和交错轴齿轮两类。相交轴齿轮按轮齿方向分，又可分为直齿轮和斜齿轮。交错轴齿轮可分为交错轴斜齿轮和蜗轮蜗杆，如图 4-54 和图 4-55 所示。

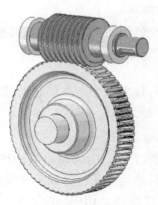

图 4-54　交错轴斜齿轮　　　　　　　　图 4-55　蜗轮蜗杆

　　上述的齿轮分类可用图 4-56 来表示。

　　直齿轮或斜齿轮传动为工业机器人提供了可靠的、密封的、维护成本低的动力传递。它

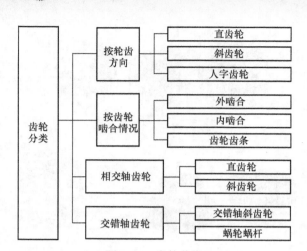

图 4-56　齿轮分类

们应用于机器人手腕，对于机器人手腕结构中多个轴线的相交和驱动器的紧凑型布置是必需的。大直径的转盘齿轮用于大型机器人的机座关节，用以提供高的刚度来传递高转矩。齿轮传动常用于台座，而且往往与长传动轴联合，实现驱动器和驱动关节之间的长距离动力传输。例如，驱动器和第一减速器可能被安装在机器人肘部附近，通过一个长的空心传动轴来驱动另一级布置在腕部的减速器或差速器。

蜗轮蜗杆传动偶尔会被应用于低速机器人或机器人的末端执行器中，其特点是可以使动力正交偏转或平移，同时具有高的传动比，机构简单，以及具有良好的刚度和承载能力。但低效率使蜗轮蜗杆传动在大传动比时具有反向自锁特性，使得关节在没有动力时会自锁在它们的位置，使其容易在试图手动改变机器人位置的过程中被损坏。

双齿轮传动有时被用来提供主动的预紧力，从而消除齿隙滑移。由于双齿轮传动具有较低的传动比，有效力普遍低于丝杠传动。小直径（低齿数）齿轮的重合度较低，因而易造成振动。另一方面，渐开线齿面齿轮需要润滑油来减少磨损，这些传动系统经常被应用于大型龙门式机器人和轨道式机器人。

2. 齿轮传动比

齿轮传动的传动比是主动齿轮转速与从动齿轮转速之比，也等于两齿轮齿数之反比。即

$$i_{12} = \frac{n_1}{n_2} = \frac{z_2}{z_1} \tag{4-1}$$

式中，n_1、n_2 分别为主、从动轮的转速，r/min；z_1、z_2 分别为主、从动轮的齿数。

3. 齿轮链传动

两个或两个以上的齿轮组成的传动机构被称为齿轮链，它不但可以传递运动角位移和角速度，而且可以传递力和力矩，如图 4-57 所示。图中，N_1、N_2 为齿轮；T_1、T_2 为齿轮转矩；θ_1、θ_2 为齿轮转速。

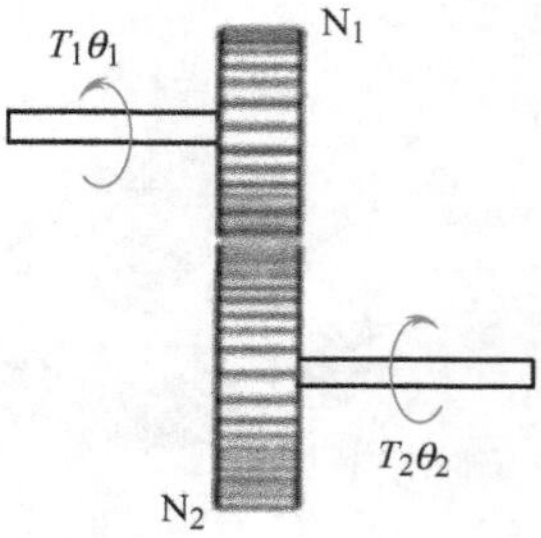

使用齿轮链机构时应注意如下问题：

1）齿轮链的引入会改变系统的等效转动惯量，从而使驱动电动机的响应时间减小，伺

图 4-57　齿轮链传动

服系统更加容易控制。

2）在引入齿轮链的同时，由于存在齿轮间隙误差，将会导致机器人手臂的定位误差增加；而且如果不采取一些补救措施，齿隙间隙误差还会引起伺服系统的不稳定。

齿轮链传动具有如下特点：

1）优点。

① 瞬时传动比恒定，可靠性高，传递运动准确可靠。

② 传动比范围大，可用于减速或增速。

③ 圆周速度和传动功率范围大，可用于高速（大于40m/s）、中速和低速（小于25m/s）运动时的传动，功率为1W～105kW。

④ 传动效率高。

⑤ 结构紧凑，适用于近距离传动。

⑥ 维护简便。

2）缺点。

① 精度不高的齿轮传动时噪声、振动和冲击大，污染环境。

② 无过载保护作用。

③ 制造某些具有特殊齿形或精度很高的齿轮时，工艺复杂，成本高。

④ 不适宜用在中心距较大的场合。

4. 齿轮齿条传动

齿轮齿条机构常用在机器人手臂的伸缩、升降及横向（或纵向）移动等直线运动中。当齿条固定不动、齿轮传动时，齿轮轴连同拖板沿齿条方向做直线运动，从而齿轮的旋转运动就转换成为拖板的直线运动，如图4-58所示。

齿条的往复运动可以带动与手臂连接的齿轮做往复回转运动，即实现手臂的回转运动。齿条的往复运动还能控制夹钳的张合。如齿轮杠杆式手部由齿轮齿条直接传动，驱动杆末端制成双面齿条，与扇齿轮相啮合，而扇齿轮与手指固定在一起，可绕支点回转。驱动力推动齿条做直线往复运动，即可带动扇齿轮回转，从而使手指松开或闭合。

图4-58　齿轮齿条传动

4.6.4　行星齿轮

行星齿轮以其体积小，传动效率高，减速范围广，精度高等诸多优点，被广泛应用于伺服电动机、步进电动机与直流电动机等传动系统中。其作用是在保证精密传动的前提下，降低转速、增大转矩和降低负载/电动机的转动惯量比。

1. 行星齿轮的结构

行星齿轮的结构很简单，有一大一小两个圆，两圆同心，在两圆之间的环形部分有另外几个小圆，所有圆中最大的一个圆是内齿环，其他几个小圆都是齿轮，其中中间的大齿轮称为太阳轮，另外几个小齿轮称为行星轮。除了能像定轴齿轮那样围绕着自己的转动轴转动之外，行星齿轮的转动轴还会随着支架（称为行星架）绕其他齿轮的轴线转动，如图4-59所示。行星齿轮绕自己轴线的转动称为自转，绕其他齿轮轴线的转动称为公转。

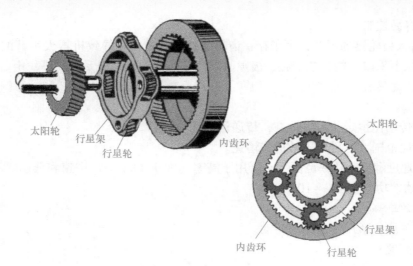

图 4-59　行星齿轮

2. 行星减速器

采用行星齿轮制成的减速器，称为行星减速器。行星减速器是比较典型的减速器之一，如图 4-60 所示。

行星减速器中如果内齿环固定，电动机带动太阳轮，太阳轮再驱动支承在内齿环上的行星轮，行星架连接输出轴，就达到了减速的目的。若太阳轮的齿数为 a，行星齿轮的齿数为 b，内齿环的齿数为 c，则其减速比为

图 4-60　行星减速器

$$\frac{c}{a} + 1 \tag{4-2}$$

由于一套行星齿轮无法满足较大的传动比，有时需要两套或三套行星齿轮来满足用户对较大传动比的要求，且一般不超过三套，如图 4-61 所示。但有的大减速比订制行星减速器有四套行星齿轮，可用级数来描述套数。

3. 行星减速器的特点

1) 结构紧凑，承载能力大，工作平稳。

2) 大功率高速行星齿轮传动结构较复杂，要求制造精度高。

3) 行星齿轮传动中有些类型效率高，但传动比不大；另一些类型则是传动比可以很大，但效率较低；行星减速器的效率随传动比的增大而减小。

行星齿轮传动常被应用在紧凑的齿轮电动机

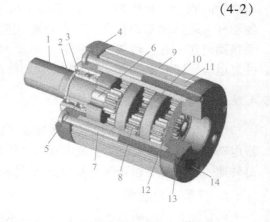

图 4-61　多套行星齿轮构成的行星减速器
1—输出轴　2—挡圈　3—滚珠轴承　4—输出端盖
5—挡圈　6—齿轮轴　7—连接螺栓　8—行星齿轮
9—保护外壳　10—行星架　11—内齿环
12—隔离垫片　13—输入太阳轮　14—输入端盖

中。为了尽量减少节点齿轮驱动的齿隙游移（空程），齿轮传动系统需要进行细致的设计，具备高精度和刚性支承，用来产生一个不以牺牲刚度、效率和精度的小齿隙的传动机构。机器人的齿隙游移可以通过选择性装配、齿轮中心调整和专门方向游移设计进行控制。

4.6.5 RV减速器

RV减速器由一个行星减速器的前级和一个摆线针轮减速器的后级组成。RV齿轮利用滚动接触元素减少磨损，延长使用寿命；摆线设计的RV齿轮和针齿轮结构，进一步减小齿隙，以获得比传统减速器更高的耐冲击能力。此外RV减速器具有结构紧凑、转矩大、定位精度高、振动小、减速比大、噪声低、能耗低等诸多优点，被广泛应用于工业机器人中。

常见的RV减速器，如图4-62所示。

1. RV减速器的组成

RV减速器主要由齿轮轴、行星轮、曲柄轴、转臂轴承、RV齿轮、针轮、刚性盘及输出盘等零部件组成，如图4-63所示。

图4-62 RV减速器

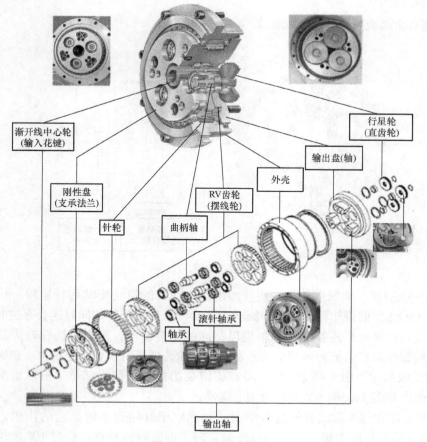

图4-63 RV减速器组成

1）齿轮轴：齿轮轴用来传递输入功率，且与行星轮互相啮合。

2）行星轮（直齿轮）：与转臂（曲柄轴）固连，均匀地分布在一个圆周上，起功率分流的作用，即将输入功率传递给摆线针轮行星机构。

3）曲柄轴：RV 齿轮的旋转轴。它的一端与行星轮相连接，另一端与支承法兰相连接，采用滚动轴承带动 RV 齿轮产生公转，又支承 RV 齿轮产生自转。滚动接触机构起动效率优异，磨耗小，寿命长，齿隙小。

4）转臂轴承：转臂轴承的作用是通过两个转臂中间的转珠形式分离摩擦，帮助 RV 齿轮传递动力。

5）RV 齿轮（摆线轮）：为了实现径向力的平衡并提供连续的齿轮啮合。在该传动机构中，一般采用两个完全相同的 RV 齿轮，分别安装在曲柄轴上，且两 RV 齿轮的偏心位置相互呈 180°。

6）针轮：针轮与机架固连在一起成为针轮壳体，在针轮上安装有针齿，其间隙小，耐冲击力强。所有针齿等分在相应的沟槽里，并且针齿的数量比 RV 轮齿的数量多一个。

7）刚性盘与输出盘：输出盘是 RV 型传动机构与外界从动工作机构相连接的构件，输出盘与刚性盘相互连接成一个双柱支承机构整体，从而输出运动或动力。在刚性盘上均匀分布着转臂的轴承孔，转臂的输出端借助于轴承安装在这个刚性盘上。

2. RV 减速器的工作原理

RV 减速器由两级减速组成，如图 4-64 所示。

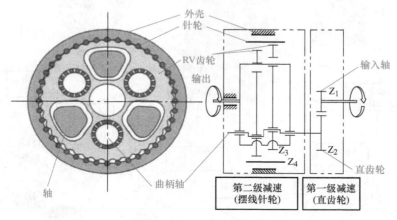

图 4-64　RV 减速器传动

（1）第一级减速　伺服电动机的旋转经由输入花键的齿轮传动到行星轮，从而使速度减慢。如果输入花键的齿轮顺时针方向旋转，那么行星轮在公转的同时还会有逆时针方向的自转，而直接与行星轮相连接的曲柄轴也以相同的速度旋转，作为摆线针轮传动部分的输入。所以，伺服电动机的旋转运动由输入花键的齿轮传递给行星轮，进行第一级减速。

（2）第二级减速　由于两个 RV 齿轮被固定在曲柄轴的偏心部位，所以当曲柄轴旋转时，将带动两个相距 180° 的 RV 齿轮做偏心运动。

由于 RV 齿轮在绕其轴线公转过程中会受到固定于针轮壳上的针齿的作用力而形成与 RV 齿轮公转方向相反的力矩，于是形成反向自转，即顺时针转动。此时 RV 齿轮轮齿会与所有的针齿进行啮合。当曲柄轴完整的旋转一周时，RV 齿轮会旋转一个针齿的间距。

运动的输出通过两个曲柄轴使 RV 齿轮与刚性盘构成平行四边形的等角速度输出机构，将摆线轮的转动等速传递给刚性盘及输出盘，便完成了第二级减速。总减速比等于第一级减速比乘以第二级减速比。

3. RV 减速器的选用

RV 减速器的型号有很多种，因此在选择 RV 减速器时，需要先确认负载特性，计算平均负载转矩与平均输出转速，然后从 RV 减速器的参数表中暂时选定型号，计算 RV 减速器寿命，确认输入转速，确认起动、停止时的转矩，确认外部冲击转矩、主轴承受力、倾斜角度等是否在允许范围内，确认上述指标满足要求后再确定型号。

4.6.6　谐波齿轮

近代，在人机协作中，制作机器人时常选用柔性传动元件。这种柔性传动元件的机械柔顺性保证了传动装置与连杆之间的惯性解耦，从而减小了与人类意外碰撞时的动能。这种机械设计不但增加了安全性，更保证了刚性机器人的速度要求，以及末端执行器运动精度等的要求。

谐波齿轮传动是一种依靠弹性变形运动来实现传动的新型机构，它突破了机械传动采用刚性构件机构的模式，使用了一个柔性构件来实现机械传动。这种传动方式的传动比大，结构紧凑，常用在中小型机器人上。

工业机器人的腕部传动多采用谐波齿轮传动。

1. 谐波齿轮传动系统的结构和工作原理

谐波齿轮传动系统由三个基本构件组成，如图 4-65 所示。

图 4-47 中，刚轮为刚性的内齿轮；柔轮为薄壳形元件，是具有弹性的外齿轮；波发生器由凸轮（通常为椭圆形）和薄壁轴承组成，装在波发生器上的滚珠用于支承柔性齿轮。波发生器驱动柔轮旋转并使之发生弹性变形，转动时柔轮的椭圆形端部只有少数齿与刚性齿轮啮合。

当波发生器发生连续转动时，柔轮齿在啮入—啮合—啮出—脱开四种状态下循环往复，不断地改变各自原来的啮合状态，如图 4-66 所示，这种现象称为错齿运动。错齿运动使减速器将输入的高速转动变为输出的低速转动。波发生器相对刚轮转动一周时，柔轮相对刚轮的角位移为两个齿距。这个角位移正是减速器输出轴的转动角位移，从而实现了减速的目的。

图 4-65　谐波齿轮传动系统

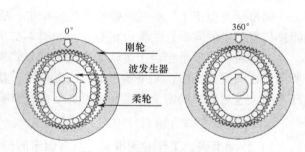

图 4-66　谐波齿轮轮齿状态

固定谐波齿轮传动系统三个构件中的任意一个构件，可使机构进行减速传动或增速传动。谐波齿轮传动系统作为减速器使用，通常采用固定刚轮，波发生器装在输入轴上，柔轮装在输出轴上，谐波齿轮传动系统的传动比为

$$i = -z_1/(z_2 - z_1) \tag{4-3}$$

式中，z_1 为柔轮的齿数；z_2 为刚轮的齿数；负号表示柔轮的转向与波发生器的转向相反。

2. 谐波齿轮传动系统的特点

（1）减速比高　谐波齿轮单级同轴可获得 1/30 ~ 1/320 的高减速比，且结构、构造简单。

（2）齿隙小　谐波齿轮不同于普通的齿轮啮合，齿隙极小，对于控制器而言是不可或缺的要素。

（3）精度高　谐波齿轮多齿同时啮合，并且有两个呈 180°对称的齿轮啮合，因此齿轮齿距误差和累计齿距误差对旋转精度的影响较为平均，从而可使位置精度和旋转精度达到极高的水准。

（4）零部件少，安装简便　谐波齿轮的三个基本构件可实现高减速比，而且它们都在同一轴上，所以套件安装简便，造型简洁。

（5）体积小，重量轻　谐波齿轮传动系统的体积为传统齿轮装置体积的 1/3，重量为其 1/2，却能获得相同的转矩容量和减速比，实现了小型轻量化。

（6）转矩容量高　与普通的传动装置不同，谐波齿轮传动力的柔轮材料使用疲劳强度大的特殊钢，同时啮合的齿数约占总齿数的 30%，而且是面接触，因此使得每个齿轮所承受的压力变小，可获得很高的转矩容量。

（7）效率高　谐波齿轮的轮齿啮合部位滑动甚小，减少了摩擦产生的动力损失，因此在获得高减速比的同时，可以维持高效率，并实现了驱动电动机的小型化。

（8）噪声小　谐波齿轮轮齿啮合周速低，传递运动力量平衡，因此运转安静，且振动极小。

4.6.7　同步带

同步带往往应用于较小机器人的传动机构和一些大机器人的轴上。如 SCARA 机器人常用带作为传动/减速元件。同步带传动的功能大致和带传动相同，但具有连续驱动的能力。

1. 同步带传动的工作原理

同步带类似于工厂的风扇带和其他传动带，所不同的是同步带上具有许多型齿，它们和同样具有型齿的同步轮的轮齿相啮合，如图 4-67 所示。

工作时，同步带相当于柔软的齿轮，通过调整惰轮或轴距可以控制张紧力，如图 4-68 所示。在伺服系统中，如果输出轴的位置采用码盘测量，则输入传动的同步带可以放在伺服环外面，这对系统的定位精度和重复性不会有影响，重复精度可以达到 1mm。

2. 同步带传动的特点

1）传动准确，工作时无滑动，具有恒定的传动比。

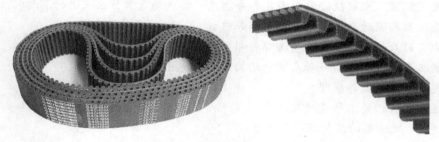

图 4-67　同步带

图 4-68　同步带传动

2）传动平稳，具有缓冲、减振能力，噪声低。

3）传动效率高，可达 98%，节能效果明显。

4）维护保养方便，无需润滑，维护费用低。

5）速度比范围大，一般可达 10∶1（多级带传动有时会被用来产生高达 100∶1 的传动比），线速度可达 50m/s，功率传递范围较大，可达几瓦到几百千瓦。

6）可用于长距离传动，中心距可达 10m。但是长带的弹性和质量可能导致驱动不稳定，从而增加机器人的稳定时间。

本 章 小 结

本章介绍了工业机器人的机械结构，通过对机械结构的详细解读，使读者能够对工业机器人机械结构有一个总体把握。首先论述了工业机器人的机座、臂部、腕部以及末端执行器；然后重点介绍了末端执行器的定义、分类及不同类型末端执行器的特点；最后介绍了工业机器人的驱动方式和机械传动装置知识，更进一步明确了工业机器人机械结构的特点。

习　题

1. 工业机器人的机械结构由哪些部分组成？

2. 简述吸附式末端执行器的工作原理及其特点。

3. 夹钳式机器人末端执行器由哪几部分组成？其运动是靠什么来进行驱动？

4. 工业机器人驱动系统主要由哪几部分组成？

5. 工业机器人传动装置主要包括哪些部分？

6. 简述工业机器人气动驱动系统的结构组成及特点。

7. 简述磁吸附的工作原理。

8. 简述行星齿轮的工作原理及特点。

9. 简述 RV 减速器的工作原理及特点。

10. 简述谐波齿轮的工作原理及特点。

第5章

工业机器人传感器

教学导航

➢ 章节概述：本章主要介绍了工业机器人传感器的基本知识，从内部和外部两个方面详细地介绍了工业机器人传感器的类别、功能和应用，帮助读者快速了解传感器的工作原理、选型和分类，为工业机器人的实际设计开发和应用打下良好的基础。

➢ 知识目标：掌握传感器的相关知识，了解常见工业机器人的外部传感器和内部传感器。

➢ 能力目标：能够根据现场需要选择合适的传感器。

5.1 传感器的类型

学习指南

➢ 关键词：传感器、类型、工业机器人。

➢ 相关知识：传感器的类型；内部传感器的功能；外部传感器的功能；常见的内部传感器；常见的外部传感器。

➢ 小组讨论：通过查阅资料，各小组展开讨论，并举出工业机器人常见的内部传感器和外部传感器。

在工业机器人中，传感器赋予机器人触觉、视觉和位置觉等感觉，它是机器人获取信息的主要途径与手段。传感器的工作过程是：利用对某一物理量（如压力、温度、光照度、声强）敏感的元件感受被测量，然后将该信号按一定规律转换成便于利用的电信号进行输出。工业机器人传感器与传统的工业检测传感器不同，它对传感器信息的种类和智能化处理要求更高。根据传感器采集信号的位置，传感器一般可分为内部和外部两类。

通过内部传感器，工业机器人可以感知自身的位置和状态变化，具体的检测对象有关节的线位移、角位移等几何量，速度、角速度、加速度等运动量，还有电动机转矩等物理量。内部传感器常被用于控制系统中，是当今工业机器人反馈控制中不可缺少的元件。工业机器人通过检测自身的状态参数，调整和控制自己按照一定的位置、速度、加速度、压力和轨迹等进行工作。

通过外部传感器，工业机器人可以实时了解环境的变化，如焊缝的位置、物件的颜色，还可以了解外部物体状态或机器人与外部物体的关系，帮助机器人了解周边环境，通常跟目标识别、作业安全等因素有关。外部传感器信号一般被用于规划决策层。根据机器人是否与被测对象接触，外部传感器可分为接触传感器和非接触传感器。常用的外部传感器有力觉传感器、触觉传感器、接近觉传感器、视觉传感器等。一些特殊领域应用的工业机器人还可能需要具有温度、湿度、压力、滑动量、化学性质等方面感觉能力的传感器。

传统的工业机器人仅使用内部传感器，用于对机器人的运动、位置、姿态进行精确控制。使用外部传感器，将使得机器人对外部环境具有一定程度的适应能力，从而表现出一定程度的智能。工业机器人传感器的分类、功能和应用见表 5-1。

表 5-1　工业机器人传感器的分类、功能和应用

分类	类别		功能	应用
内部传感器	位置传感器，（加）速度传感器，力（转矩）传感器，温度传感器等		检测工业机器人自身状态，如自身的运动、位置和姿态，自身的异常情况等信息	控制工业机器人在规定的位置、轨迹、速度、加速度和受力状态下工作，用于工业机器人的精确控制
外部传感器	视觉传感器	单点视觉，线阵视觉，平面视觉，立体视觉	检测工业机器人外部的状况，如作业环境中对象或障碍物状态，以及机器人与环境的相互作用等信息，使机器人适应外界环境的变化	对被测量定向、定位，目标分类与识别，控制操作，物体抓取，产品质量检查，适应环境变化等；了解工业机器人的工件、环境或机器人在环境中的状态，实现灵活、有效地操作工件
	非视觉传感器	接近（距离）觉，听觉，力觉，触觉，滑觉，压觉		

　　工业机器人传感器的选择应当完全取决于工业机器人的工作需要和应用特点，因此需要根据检测对象、具体的应用环境选择合适的传感器，并采取适当的措施，减小环境因素产生的影响。给工业机器人装备什么样的传感器以及对这些传感器提出相应的要求，是设计工业机器人感觉系统时遇到的首要问题。在进行传感器选择时，通常要考虑传感器的静态特性、动态特性和测量方式等方面的问题。

5.2　传感器的性能指标

学习指南

> 关键词：静态特性、动态特性。
> 相关知识：传感器的静态特性；传感器的动态特性。
> 小组讨论：通过查阅资料，各小组展开讨论，总结传感器的性能指标，并学会根据工业现场选择合适的传感器。

　　传感器用来将被测对象的物理特征进行转换，或对转换后的信号进行各种加工处理，从而实现信息的传输。因此，传感器的特性对真实信息能否不失真地进行传输有决定性的作用。所谓传感器的特性是指其输出量与输入量之间的关系，通常可分为静态特性和动态特性两种。静态特性指的是传感器对于不随时间变化的输入量或随时间变化极为缓慢的输入量所呈现出来的传输特性，而动态特性则是指传感器对随时间变化较快的输入量所呈现出来的传输特性。传感器的输入也称为激励，传感器的输出也称为响应。

1. 传感器的静态特性

　　理想情况下，传感器的输出量 y 与输入量 x 之间为理想的线性比例关系，但实际的传感器的静态特性大多是非线性的，一般用多项式表示为

$$y = a_0 + a_1 x + a_2 x^2 + \cdots + a_n x^n \tag{5-1}$$

式中，a_0、a_1、a_2、$\cdots$、a_n 均为系数。

常用传感器的静态特性指标包括灵敏度、线性度、测量范围与量程、回程误差和死区等。

（1）灵敏度　传感器的灵敏度 K 是指传感器达到稳定工作状态时，单位输入变化量所引起的输出变化量，即

$$K = \frac{\Delta y}{\Delta x} \tag{5-2}$$

由式（5-2）可见，灵敏度反映了传感器对被测参数变化的灵敏程度。通常情况下，希望灵敏度值越大越好。

显然，对于线性检测元件，其灵敏度就是其静态特性曲线的斜率；而对于非线性检测元件，灵敏度则是其静态特性曲线某点切线的斜率，通常情况下，它随输入量的不同而不同。

（2）线性度　线性度也称为非线性度、非线性误差，它反映了传感器的输入输出特性为线性的近似程度，用来表征实际特性曲线接近拟合曲线（理想直线）的程度。线性度是衡量传感器精度的指标之一，希望线性度越小越好。线性度定义为实际特性曲线和拟合直线的最大偏距的绝对值与装置的满量程（$F.S.$）输出之比的百分数，如图 5-1 所示，即

$$\gamma_l = \frac{\left| (\Delta y_1)_{\max} \right|}{F.S.} \times 100\% = \frac{\left| (\Delta y_1)_{\max} \right|}{y_{\max} - y_{\min}} \times 100\% \tag{5-3}$$

图 5-1 中，a_0 称为零位输出，即被测量为零时传感器的显示值。

（3）测量范围与量程　传感器的测量范围是指按传感器标定的精确度可进行检测的被测量的变化范围，而测量范围的上限值 $y_{\max}$ 与下线值 $y_{\min}$ 之差就是传感器的满量程（$F.S.$），即

$$F.S. = y_{\max} - y_{\min} \tag{5-4}$$

例如，电压表的测量范围为 0～150V，则其量程为

$$(F.S.) = 150V - 0V = 150V$$

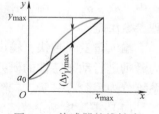

图 5-1　传感器的线性度

在实际测量中，若被测量超出测量范围，有的传感器就会损坏，而有的传感器允许一定程度的过载，但过载部分不作为测量范围。

（4）回程误差　同样的测试条件下，在全量程范围内输入量从小到大变化时的输出量与输入量从大到小变化时的输出量之间的最大差值 $h_{\max} = \left| y_1 - y_2 \right|$ 对满量程（$F.S.$）输出之比的百分数称为回程误差，也称为迟滞、滞后或变差，其中 y_1、y_2 分别为正反行程中同一一输入情况下输出差别最大的两个输出值。回程误差示意图如图 5-2 所示。

回程误差主要是由装置内部磁性材料的磁滞现象、材料的受力变形等现象以及死区所引起的，实际测量中，希望传感器的回程误差越小越好。

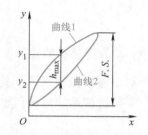

图 5-2　传感器的回程误差

（5）死区　在实际测量中，由于电路的偏置或机械传动中的摩擦等原因，使得传感器输入量的变化未能引起输出量可察觉的变化的有限区间称为死区。在死区范围内，传感器的灵敏度为零。死区的存在，可能导致被测参数的有限变化不易被检测到。通常情况下，希望

传感器的死区范围越小越好。

除此之外，传感器还有其他一些静态特性性能指标，如阈值、分辨率、重复性、漂移等。为了使传感器的检测更为精确，希望所采用的传感器有合适的测量范围和量程，足够高的精确度、灵敏度、分辨率和重复性，尽量小的线性度误差、回程误差、死区等。

2. 传感器的动态特性

由于传感器可能会含有一些惯性元件及储能元件（运动部件的质量、弹簧、电容、电感等），因此当输入信号随时间变化时，传感器的输出量无法瞬时完全响应输入量的变化，导致输出信号的波形与输入信号有一定的差异。特别地，当输入信号变化的频率不同时，传感器一般也会产生不同的输出。因此，有必要研究传感器对不同频率变化的输入量所呈现出来的特性，即动态特性，以便能正确地设计、选用具有合理动态特性的传感器，在允许的限度内实现不失真检测。如将温度计插入待测液槽时，不能立即准确显示液体的温度值，而要经过一段时间达到平衡后才行。那么在整个过程中，输出量与输入量之间的关系到底是怎样的呢？这就是动态特性所要解决的问题。

在研究传感器的动态特性时，传感器的输出量（或称响应）y 与输入量（或称激励）x 的关系可表示为

$$a_n \frac{\mathrm{d}^n y}{\mathrm{d}t^n} + a_{n-1} \frac{\mathrm{d}^{n-1} y}{\mathrm{d}t^{n-1}} + \cdots + a_1 \frac{\mathrm{d}y}{\mathrm{d}t} + a_0 y$$

$$= b_m \frac{\mathrm{d}^m x}{\mathrm{d}t^m} + b_{m-1} \frac{\mathrm{d}^{m-1} x}{\mathrm{d}t^{m-1}} + \cdots + b_1 \frac{\mathrm{d}x}{\mathrm{d}t} + b_0 x \tag{5-5}$$

式中，a_n、a_{n-1}、$\cdots$、a_1、a_0、b_m、b_{m-1}、$\cdots$、b_1、b_0 为传感器的结构常数，由传感器的物理参数决定。

输入量变化越快，输出量越不易跟随，所以一般以单位阶跃信号（如图5-3所示）作为激励进行动态特性的研究，此时的输出对应称为阶跃响应。从数学模型的角度也可将检测系统分为零阶、一阶、二阶、三阶等系统，下面介绍常见的两种检测系统。

（1）零阶检测系统　常用的线性电位器就属于零阶检测系统装置。零阶检测系统数学模型的一般形式为

$$a_0 y = b_0 x \tag{5-6}$$

即

$$y = \frac{b_0}{a_0} x = Kx \tag{5-7}$$

式中，K 为传感器的静态灵敏度，且 $K = \dfrac{b_0}{a_0}$。

对于零阶检测系统，其输出以常数 K 倍跟随输入，其单位阶跃响应如图5-4所示。显然，零阶检测系统对任何输入理论上均无时间滞后。

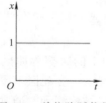

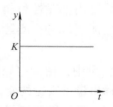

图5-3　单位阶跃信号　　　　图5-4　零阶检测系统的单位阶跃响应

（2）一阶检测系统　作为式（5-5）的特例，一阶检测系统数学模型的一般形式为

$$a_1 \frac{dy}{dt} + a_0 y = b_0 x \tag{5-8}$$

假设 $t = 0$ 时 $y = 0$，则通过方程式（5-8），即可得到当输入 x 从 0 跃变为 1 时，对应的输出响应为

$$y = K(1 - e^{-\frac{t}{T}}) \tag{5-9}$$

式中，$K = \dfrac{b_0}{a_0}$ 为一阶检测系统的静态灵敏度；$T = \dfrac{a_1}{a_0}$ 为检测系统的时间常数。

当输入为单位阶跃信号时，一阶检测系统的单位阶跃响应如图 5-5 所示。显然，只有当 $t \to \infty$ 时，y 才能达到其稳态值 K。因此一般取输出量达到其稳态值的 63.2%（即 0.632K）所用的时间 T 来衡量一个传感器动态响应的速度。T 称为检测系统的时间常数，是一阶传感器的主要动态性能指标，T 值越大，则动态响应越慢，测量中所存在的动态误差越大，一般希望 T 值越小越好。

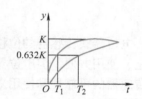

图 5-5　一阶检测系统的
单位阶跃响应

5.3　位置传感器

学习指南

➤ 关键词：电位器式传感器、光电编码器、旋转变压器。

➤ 相关知识：电位器式传感器的工作过程；光电编码器的工作过程；旋转变压器的工作过程。

➤ 小组讨论：通过相关资料的查阅和知识点的学习，各小组展开讨论，并根据不同的情况选择合适的位置传感器。

位置传感器主要用来检测工业机器人的空间位置、角度与位移距离等物理量。选择位置传感器时，要考虑工业机器人各关节和连杆的运动定位精度要求、重复精度要求，以及运动范围等。

5.3.1　电位器式传感器

电位器式传感器可用来测量位移、压力、加速度等物理量，常被用于测量工业机器人关节线位移和角位移，是位置反馈控制中必不可少的元件。它可将机械的直线位移或角位移转换为与其成一定函数关系的电阻值或电压值输出。电位器式传感器结构简单，价格低廉，性能稳定，输出信号大，能在恶劣条件下工作，但精度不高，动态响应较差，不适合测量快速变化量。

电位器式传感器的电阻元件通常有线绕电阻、薄膜电阻、导电塑料等。其中线绕电阻准确度较高，应用最广。如图 5-6 所示，电位器式传感器由触点机构和电阻器组成。当被测量通过电刷触点 A 在电阻元件上产生移动或转动时，该触点与电阻元件间的电阻值 R 就会发生变化，即可实现被测量与电阻之间的线性转换。触点机构的电刷相对于电位器的运动可以

是直线运动，也可以是圆周运动。因此，利用电刷的运动，电位器式传感器可将直线位移、角位移等转换为与之成一定关系的电阻变化量，从而实现线位移或角位移的测量。

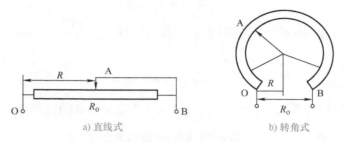

a) 直线式   b) 转角式

图 5-6 电位器式传感器结构

电位器式传感器的位移量与输出电压量之间是线性关系，且价格低廉、结构简单、性能稳定、使用方便，但电位器式传感器的电刷和电阻之间接触容易造成磨损，从而影响电位器式传感器的可靠性和使用寿命，因此，电位器式传感器在工业机器人上的应用逐渐被光电编码器取代。

5.3.2 光电编码器

光电编码器在工业机器人中应用非常广泛，如图 5-7 所示，其分辨率完全能满足技术要求。光电编码器是一种通过光电转换将输出轴上的直线位移或角度变换转换成脉冲或数字量的传感器，属于非接触式传感器。光电编码器主要由码盘、检测光栅和光电检测装置（有光源、光敏器件、信号转换电路）、机械部件组成，如图 5-8 所示。

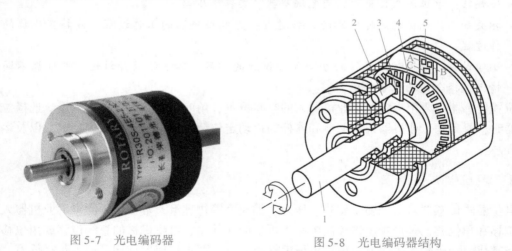

图 5-7 光电编码器   图 5-8 光电编码器结构

1—转轴   2—LED   3—检测光栅   4—码盘   5—光敏器件

码盘上有透光区与不透光区。若光线照射到码盘的不透光区，则光敏元件不导通，输出的电压为低电平；若光线透过码盘的透光区，使光敏元件导通，产生电流，则输出端电压 V_o 为高电平。即

$$V_o = RI \tag{5-10}$$

根据码盘上透光区与不透光区分布的不同，光电编码器又可分为绝对式编码器和相对式

编码器，相对式编码器见本书 5.4.1 小节，这里重点介绍绝对式编码器。

绝对式编码器是通过读取码盘上的图案信息将被测转角直接转换成相应代码的检测元件。绝对式编码盘有光电式、接触式和电磁式三种。

1. 绝对式光电编码器

绝对式光电编码器的码盘是目前应用较多的一种，它是在透明材料的圆盘上精确地印制上二进制编码。图 5-9a 为 4 位格雷码盘，码盘上各圈圆环分别代表 1 位二进制的数字码道，在同一个码道上印制黑白等间隔图案，形成一套编码。黑色不透光区和白色透光区分别代表二进制的"0"和"1"。在一个 4 位光电码盘上，有 4 圈数字码道，每一圈码道表示二进制的 1 位，里侧是高位，外侧是低位，在 360°范围内可编数码为 16 种。

工作时，码盘的一侧放置电源，另一边放置光电接收装置，每圈码道都对应有一个光电管及放大、整形电路。码盘转到不同位置，光电元器件接收光信号，并转成相应的电信号，经放大整形后，成为相应数码的电信号。在实际码盘的旋转过程中，为了消除非单值性误差，通常采用循环码盘或带判位光电装置的二进制循环码盘，如图 5-9b 所示。

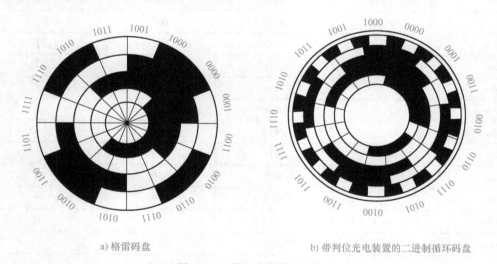

a) 格雷码盘　　　　　　　　b) 带判位光电装置的二进制循环码盘

图 5-9　4 位二进制循环码盘

2. 绝对式接触编码器

绝对式接触编码器由码盘和电刷组成，适用于角位移测量，其结构如图 5-10a 所示。电刷是一种活动触头结构，在外界力的作用下，旋转码盘时，电刷与码盘接触处就产生某种码制的数字编码输出。图 5-10b 是一个 4 位 BCD 码盘，涂黑处为导电区，为高电位"1"。空白处为绝缘区，为低电位"0"。四个电刷沿着某一径向安装，4 位二进制码盘上有 4 圈码道，每圈码道上有一个电刷，电刷经电阻接地。当码盘转动某一角度后，电刷就输出一个数码，码盘转动一周，电刷就输出 16 种不同的 4 位二进制数码。

BCD 码制的码盘，由于电刷安装不可能绝对精确，必然存在机械偏差，而采用循环码制可以消除非单值误差。4 位循环码盘如图 5-10c 所示，其编码见表 5-2。由循环码的特点可知，即使制作和安装不准确，产生的误差最多也只是最低位。因此，采用循环码盘比采用 BCD 码盘的准确性和可靠性要高得多。

a) 结构简图　　　　　　b) 4位BCD码盘　　　　　　c) 4位循环码盘

图 5-10　绝对式接触编码器

表 5-2　循环码制编码

角度	电刷位置	二进制码（B）	循环码（R）	十进制数
0	a	0000	0000	0
1α	b	0001	0001	1
2α	c	0010	0011	2
3α	d	0011	0010	3
4α	e	0100	0110	4
5α	f	0101	0111	5
6α	g	0110	0101	6
7α	h	0111	0100	7
8α	i	1000	1100	8
9α	j	1001	1101	9
10α	k	1010	1111	10
11α	l	1011	1110	11
12α	m	1100	1010	12
13α	n	1101	1011	13
14α	o	1110	1001	14
15α	p	1111	1000	15

3. 绝对式电磁编码器

在数字式传感器中，电磁式编码器是近年发展起来的一种新型电磁敏感元器件，它是随着光电式编码器的发展而发展起来的。光电式编码器的主要缺点是对潮湿气体和污染敏感，且可靠性差，而电磁式编码器不易受尘埃和结露影响，同时其结构简单紧凑，可高速运转，响应速度快，响应频率可达 500～700kHz，体积比光电式编码器小，而成本更低，且易将多个元器件精确地排列组合，比用光学元器件和半导体磁敏元器件更容易构成新功能器件和多功能器件。其输出信号不仅具有一般编码器的增量信号及指数信号，还具有绝对信号。

绝对式编码器按照角度直接进行编码,能直接把被测转角用数字代码表示出来。当轴旋转时,有与其位置对应的代码输出,从代码的大小变更即可判别正反方向和转轴所处的位置,无须判向电路;另外,因为绝对式编码器有一个绝对零位代码,当停电或者关机后,再开机重新测量时,仍然可以准确读出停机或关机位置的代码,并能够准确地找出零位代码。因此,绝对式编码器在工业机器人上得到了广泛的应用。

5.3.3　旋转变压器

旋转变压器是目前伺服领域应用最广的测量元件,其用途类似于光电编码器,但其原理和特性上的区别决定了其应用场合和使用方法的不同。旋转变压器是一种电磁式传感器,又称同步分解器。它是一种测量角度用的小型交流电动机,用来测量旋转物体的转轴角位移和角速度。

旋转变压器由定子和转子组成,其外形如图5-11所示,定子和转子的铁心由铁镍软磁合金或硅钢薄板冲成的槽状芯片叠成,定子和转子绕组分别嵌入各自的槽状铁心内,定子绕组通过固定在壳体上的接线柱直接引出,转子绕组有两种不同的引出方式,根据转子绕组两种不同的引出方式,旋转变压器分为有刷式和无刷式两种结构形式。定子绕组作为变压器的一次侧,接收励磁电压,励磁电压频率通常为400Hz、3000Hz及5000Hz等。转子绕组作为变压器的二次侧,通过电磁耦合得到感应电压。当定子绕组通过交流电流时,转子绕组中便有感应电动势(V_o)产生,且随着转子的转角(θ)变化。即

$$V_o = K_1 V_m \sin(\omega t + \theta) \tag{5-11}$$

式中,K_1为转子、定子间的匝数比;ω为定子绕组中所加交流励磁电压的频率;V_m为定子绕组中所加交流励磁电压的幅值。

旋转变压器原理如图5-12所示。

图5-11　旋转变压器

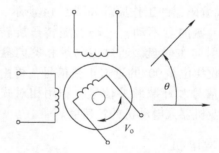

图5-12　旋转变压器原理

使用时将旋转变压器的转子与工业机器人的关节轴连接,测出转子感应电动势的相位就可以确定关节轴角位移的角度。

旋转变压器是一种精密的角度、位置、速度检测装置,不仅适用于所有使用旋转编码器的场合,还适用于高温、严寒、潮湿、高速、高振动、强电磁干扰等旋转编码器无法正常工作的场合。由于旋转变压器的上述特点,因此可完全替代光电编码器,被广泛应用在伺服控制系统、机器人系统、机械工具、汽车、电力、冶金、印刷、航空航天、船舶、兵器、冶金、化工、轻工、建筑等领域的角度、位置检测系统中。

5.4 角速度传感器

⊖ 学习指南

➢ 关键词：相对式编码器、测速发电机。
➢ 相关知识：相对式编码器的工作过程；测速发电机的工作过程。
➢ 小组讨论：通过查阅资料和学习知识点，各小组展开讨论，学会根据工业现场选择合适的角速度传感器。

常用的角速度传感器有相对式编码器和测速发电机。角速度传感器应用科里奥利力原理，内置特殊的陶瓷装置，主要应用于运动物体的位置控制和姿态控制，以及其他需要精确测量角度的场合。

5.4.1 相对式编码器

相对式编码器又称为增量式编码器，如图 5-13 所示，是指随转轴旋转的码盘给出一系列脉冲，然后根据旋转方向用计数器对这些脉冲进行加减计数，以此来表示转过的角位移量，从而进行角速度的测量。

相对式编码器由主码盘、鉴向盘、光学系统和光电变换器组成，如图 5-14a 所示，在圆形的主码盘（光电码盘）周边上刻有节距相等的辐射状窄缝，形成均匀分布的透明区和不透明区。鉴向盘与主码盘平行，并刻有 A、B 两组透明检测窄缝，它们彼此错开 1/4 节距，以使 A、B 两个光电变换器的输出信号在相位上相差 90°。相对式编码器的工作原理如图 5-14 所示，T 为周期。工作时，鉴向盘不动，主码盘随转子旋转，光源经透镜平行射向主码盘，通过主码盘和鉴向盘后的光敏二极管接收相位差 90°的近似正弦信号，再由逻辑电路形成转向信号和计数脉冲信号。利用相对式编码器可以检测工业机器人电动机的角速度。

图 5-13　相对式编码器

5.4.2 测速发电机

测速发电机是一种测量旋转机构转速的装置。它实际上是一台微型发电机。常见的测速发电机如图 5-15 所示。测速发电机的绕组和磁路经过精确设计，输出电压 u 与转子的角速度 ω 成正比，即

$$u = A\omega \tag{5-12}$$

式中，A 为常数。

常见的测速发电机具有带换向器的直流输出型和交流输出型，如图 5-16 所示。

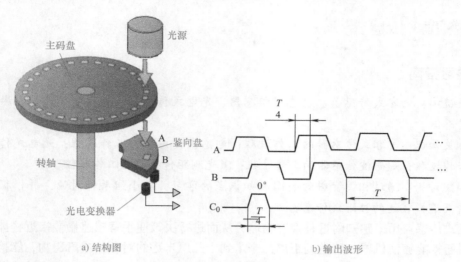

a) 结构图　　　　　　　　　　　　　　b) 输出波形

图 5-14　相对式编码器的工作原理

图 5-15　测速发电机

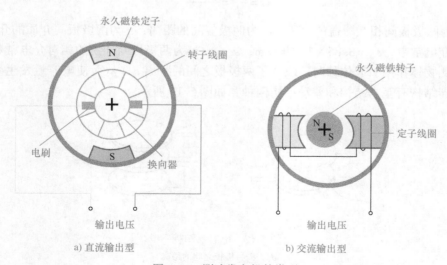

a) 直流输出型　　　　　　　　　　　　b) 交流输出型

图 5-16　测速发电机的类型

5.5 接近式传感器

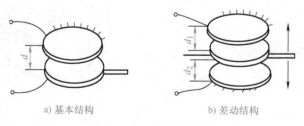学习指南

➤ 关键词：电容式传感器、电感式传感器、光电式传感器、超声波传感器、激光测距传感器。

➤ 相关知识：电容式传感器的工作过程；电感式传感器的工作过程；光电式传感器的工作过程；超声波传感器的工作过程；激光测距传感器的工作过程。

➤ 小组讨论：通过相关资料的查阅和知识点的学习，各小组展开讨论，并根据不同的情况选择合适的接近式传感器。

接近式传感器用来感知附近是否有物体，从而进行决策使手臂减速慢慢接近物体。接近式传感器通常能够使机器人感觉到距离几毫米到十几厘米远的对象物或障碍物，能检测出物体的距离、相对角等。常用的接近式传感器有电容式、电感式、光电式、超声波式和激光式等五种类型。

5.5.1 电容式传感器

电容式传感器可以将某些物理量的变化转换为电容量的变化，它的转换元件实际上就是一个具有可变参数的电容器。由于电容式传感器结构简单，工作适应性强，可进行非接触式测量，且动态性能良好，因此被广泛用于位移、振动、角位移、加速度等机械量以及压力、差压、物位等生产过程参数的测量。

电容式传感器实际上是各种类型的可变电容器，它可将被测量的改变转换为电容量的变化，并通过测量电路将电容的变化量再转换为电压、电流、频率等电信号。最简单的电容器由两块金属平板作为电极构成。忽略此电容器的边缘效应时，则其电容量 C 为

$$C = \frac{\varepsilon S}{d} = \frac{\varepsilon_0 \varepsilon_r S}{d} \tag{5-13}$$

式中，S 为两极板间相互覆盖的面积；d 为两极板间的距离；ε 为两极板间介质的介电常数；ε_0 为真空介电常数，$\varepsilon_0 = 8.85 \times 10^{-12} \text{F/m}$；$\varepsilon_r = \varepsilon / \varepsilon_0$ 为两极板间介质的相对介电常数。当动极板受被测物体作用引起位移时，改变了两极板之间的距离 d，从而使电容量发生变化。常见的电容器结构有基本结构和差动结构两种，如图 5-17 所示。

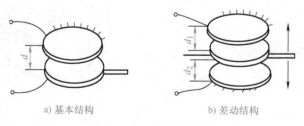

a) 基本结构   b) 差动结构

图 5-17　电容器结构

d、d_1、d_2—极板之间的距离

5.5.2　电感式传感器

电感式传感器常用在生产线系统中检测待加工工件是否为金属材料，它结构简单、灵敏度高、频响范围宽、抗干扰能力强、不受油污等介质影响，可实现多种物理量的测量，并可利用电涡流效应实现非接触测量。

电涡流效应是指若将金属导体置于变化着的磁场中或金属导体在磁场中运动时，在金属导体内部就会产生感应电流，该涡流又会反作用于产生它的磁场的物理效应。如图 5-18 所示，有一通以交变电流 i_s 的线圈，由于电流 i_s 的存在，线圈周围就产生一个交变磁场 H。若被测导体置于该磁场范围内，导体内便产生电涡流 i，电涡流 i 的存在也将产生一个与磁场 H 反方向的新磁场，力图削弱原磁场 H，从而导致线圈的电感量、阻抗和品质因数发生变化。这些参数变化与导体的几何形状、电导率、磁导率、线圈的几何参数、电流的频率以及线圈到被测导体间的距离有关，因此可用于金属物体的检测，常见的电感式传感器如图 5-19 所示。

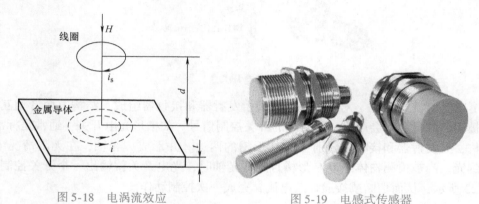

图 5-18　电涡流效应　　　　　图 5-19　电感式传感器

5.5.3　光电式传感器

工业机器人领域目前常见的光电式传感器有光电开关和光幕传感器两种，通过被测物对光信号的影响从而进行电信号的输出，以便进行后续的决策。

1. 光电开关

光电开关即光电接近开关，利用被测物对光束的遮挡或反射，把光强度的变化转换成电信号的变化，如图 5-20 所示，一般可以用来检测物体的有无。物体不限于金属，所有能反射光线（或对光线有遮挡作用）的物体均可以被检测。光电开关将输入电流在发射器上转换为光信号射出，接收器再根据接收到的光线的强弱或有无对目标物体进行探测。

图 5-20　光电开关

光电开关已被用于物位检测、液位控制、产品计数、宽度判别、速度检测、定长剪切、孔洞识别、信号延时、自动门传感、色标检出以及安全防护等诸多领域。此外，利用红外线的隐蔽性，光电开关还可在银行、仓库、商店、办公室以及其他场合做防盗警戒之用。常用的红外线光电开关利用物体对近红外线光束的反射原理，由同步回路感应反射回来的光的强弱而检测物体的存在与否，光电开关首先发出红外线光束，物体或镜面对红外线光束进行反射，光电开关接收反射回来的光束，根据光束的强弱判断物体的存在。红外光电开关的种类非常多，一般来说有镜反射式、漫反射式、槽式、对射式、光纤式等几种。

一般情况下，光电开关由三部分构成：发射器、接收器和检测电路，光电开关工作原理如图 5-21 所示。发射器一般由发光二极管、激光二极管等组成，用于对准目标发射光束；接收器一般由光电二极管或光电晶体管组成，前端有透镜和光圈等光学元件。在接收器的后面通常设有检测电路，能检测出有效光信号，并转换为电信号进行输出。

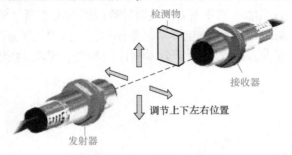

图 5-21　光电开关工作原理

（1）对射式光电开关　对射式光电开关由发射器和接收器组成，结构上两者相互分离，在光束被中断的情况下会产生一个变化的开关控制信号。如槽形光电开关，通常是标准的 U 字形结构，其发射器和接收器分别位于 U 形槽的两边，并形成一光轴，在无阻情况下接收器能收到光，当被检测物体经过 U 形槽且阻断光轴时，光电开关就输出一个开关控制信号，如图 5-22 所示，从而切断或接通负载电流，完成一次控制动作。

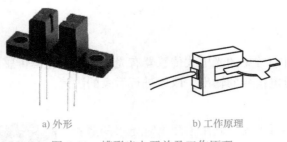

a) 外形　　　　　　　　　　b) 工作原理

图 5-22　槽形光电开关及工作原理

对射式光电开关在工业机器人中常被用作机械臂的限位开关。

（2）漫反射式光电开关　漫反射式光电开关是当开关发射光束时，目标产生漫反射，发射器和接收器构成单个的标准部件，当有足够的组合光返回接收器时，开关状态发生变化，作用距离的典型值一般达 3m。在工作时，发射器始终发射检测光，若接近开关前方一定距离内没有物体，则没有光被反射到接收器，光电开关处于常态而不动作；反之，若接近开关前方一定距离内出现物体，就产生漫反射，只要反射回来的光强度足够，则接收器接收到足够的漫射光就会使漫反射式光电开关动作而改变输出的状态，其动作过程如图 5-23 所示。图中，d 为被测物移动的距离。

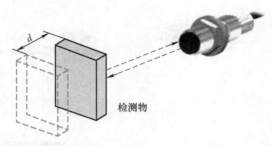

图 5-23　漫反射式接近开关及其使用

2. 光幕传感器

光幕传感器是一种光电安全保护装置，也称安全光栅、冲床保护器、红外线安全保护装置等。在现代化工厂里，人与机器人协同工作，在一些具有潜在危险的机械设备上，如冲压机械、剪切设备、金属切削设备、自动化装配线、自动化焊接线、机械传送搬运设备、危险区域（有毒、高压、高温等），容易造成作业人员的人身伤害，此时可以使用光幕传感器限定机器人的运动范围，保护作业人员安全。

光幕传感器由投光器和受光器两部分组成。投光器发射出调制的红外光，由受光器接收，形成一个保护网，当有物体进入保护网时，从中有光线被物体挡住，通过内部控制电路，受光器电路马上做出反应，即在输出部分输出一个信号用于相应的控制。光幕传感器在自动收费系统中的应用如图 5-24 所示。

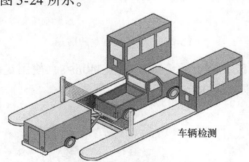

图 5-24　光幕传感器在自动收费系统中的应用

5.5.4　超声波传感器

超声波技术是一门以物理、电子、机械及材料学为基础，利用不同介质的不同声学特性对超声波传播产生影响，在各行各业都使用的通用技术之一。超声波技术的应用如图 5-25 所示。超声波在液体、固体中的衰减很小，穿透力强，特别是对不透光的固体，超声波能穿透几十米的厚度。当超声波从一种介质入射到另一种介质时，由于在两种介质中的传播速度不同，在介质表面上会产生反射、折射和波形转换等现象。

超声波传感器是一个电子模块，测量距离为 3～400cm。超声波传感器是移动机器人避障、测距常用的传感器之一。它可以用于帮助机器人避开障碍物，或用于其他相关项目的距离测量和避障工程。超声波传感器检测距离的原理是发出超声波并在发射时开始计时，超声波在空中传播，在遇到障碍物时立即返回，超声波接收器接收到反射波时立即停止计时，检

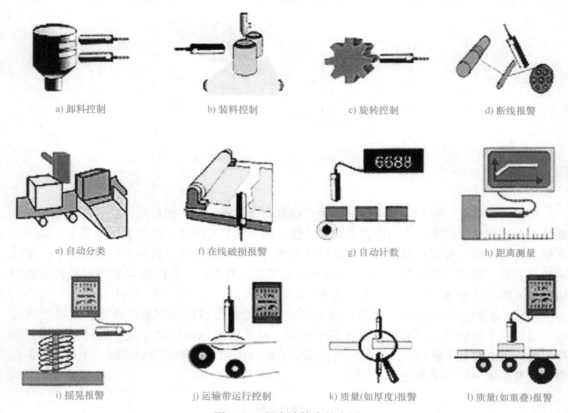

a) 卸料控制　　b) 装料控制　　c) 旋转控制　　d) 断线报警

e) 自动分类　　f) 在线破损报警　　g) 自动计数　　h) 距离测量

i) 摇晃报警　　j) 运输带运行控制　　k) 质量(如厚度)报警　　l) 质量(如重叠)报警

图 5-25　超声波技术的应用

测过程如图 5-26 所示。声波在空中的传播速度为 340m/s，使用定时器记录的时间 t 计算出发点到障碍物的距离 d，即 $d = 340t/2$。

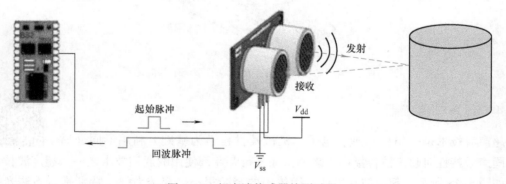

图 5-26　超声波传感器检测过程

　　超声波可以在气体、液体及固体中传播，在工业上可用于超声波无损探伤、厚度测量、流速测量及超声成像等场合。超声波传感器按其工作原理，可分为压电式、磁致伸缩式、电磁式等。下面介绍最为常用的压电式超声波传感器。

1. 压电式超声波传感器

　　压电式超声波传感器利用压电材料的压电效应工作。常用的压电材料主要有压电晶体和压电陶瓷。根据正、逆压电效应的不同，压电式超声波传感器可分为发生器（发射探头）和接收器（接收探头）两种。逆压电效应将高频电振动转换成高频机械振动，以产生超声波，可作为发射探头；正压电效应则将接收的超声振动转换成压电信号，可作为接收探头。

典型的压电式超声波传感器主要由压电晶片、吸收块（阻尼块）、导电螺杆等组成，如图 5-27 所示。压电晶片的两面镀有银层，其超声波频率与其厚度成反比，多为圆板形。压电晶片作为导电极板，底面接地，上面接至引出线，通常在压电晶片下黏合一层保护膜以避免传感器与被测件直接接触而磨损压电晶片，吸收块用来吸收超声波的能量，从而降低压电晶片的机械品质，以突显其压电特性。

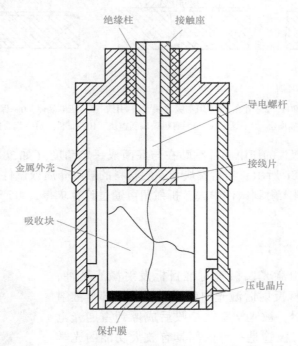

图 5-27　压电式超声波传感器结构

2. 超声波探头结构类型

超声波探头按其结构不同，又分为单晶直探头、双晶直探头、斜探头、双探头、表面波探头、聚焦探头、水浸探头、空气传导探头等多种类型。

（1）单晶直探头　单晶直探头通常用于固体介质的测量，如图 5-28a 所示，采用 PZT 压电陶瓷材料制作，保护膜用于防止压电晶片磨损，通常采用三氧化二铝、碳化硼等硬度很高的耐磨材料制成。超声波的发射和接收虽然利用同一块晶片，但时间上有先后之分，所以单晶直探头处于分时工作状态，必须用电子开关来切换这两种不同的状态。

（2）双晶直探头　双晶直探头由两个单晶探头组合而成，装配在同一壳体内，如图 5-28b 所示。其中一片晶片发射超声波，另一片晶片接收超声波。两晶片之间用一片吸声性能强、绝缘性能好的隔离层加以隔离，使超声波的发射和接收互不干扰。双晶直探头的结构比较复杂，但检测精度比单晶直探头高，且超声波信号的反射和接收的控制电路较单晶直探头简单。

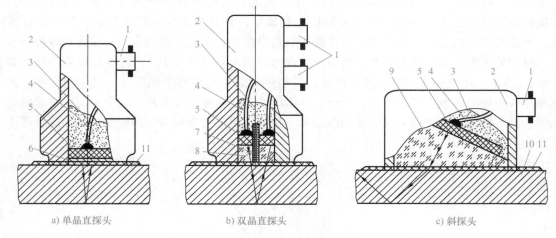

a) 单晶直探头   b) 双晶直探头   c) 斜探头

图 5-28　超声波探头的结构类型

1—接插件　2—外壳　3—阻尼吸收块　4—引线　5—压电晶体　6—保护膜
7—隔离层　8—延迟块　9—有机玻璃斜楔块　10—试件　11—耦合剂

（3）斜探头　斜探头的压电晶片粘贴在与底面成一定角度（如30°、45°等）的有机玻璃斜楔块上，如图 5-28c 所示。当斜楔块与不同材料的被测介质或试件接触时，超声波产生一定角度的折射，倾斜入射到试件中去，折射角可通过计算求得，可产生多次反射，进而传播到较远处去。

5.5.5　激光测距传感器

激光测距传感器由激光二极管对准目标发射激光脉冲，如图 5-29 所示。经目标反射后激光向各方向散射。部分散射光返回到传感器接收器，被光学系统接收后成像到雪崩光电二极管上。雪崩光电二极管是一种内部具有放大功能的光学传感器，它能检测极其微弱的光信号。记录并处理从光脉冲发出到返回被接收所经历的时间，即可测定目标距离。

图 5-29　激光测距传感器

激光测距传感器是一种从自身位置获取其周围世界三维结构的设备。通常它测量的是距物体最近表面的深度。测量内容可以是一个穿过扫描平面的单个点，也可以是一幅在每个像素都具有深度信息的图像。测量的距离信息可以使机器人合理地确定出相对该距离的实际环境，从而允许机器人能更有效地寻找导航，经、避开障碍物，抓取物体，以及在工业零件上操作。

5.6　触觉传感器

 学习指南

➤ 关键词：接触觉传感器、压觉传感器、滑觉传感器。

> 相关知识：接触觉传感器的工作过程；压觉传感器的工作过程；滑觉传感器的工作过程。

> 小组讨论：通过相关资料的查阅和知识点的学习，各小组展开讨论，并根据不同的情况选择合适的触觉传感器。

工业上最常用的触觉传感器根据其工作原理的不同可分为电容式、压阻式、光电式、机械式、半导体式、电磁感应式等。通常，触觉传感器由传感元件阵列组成，每个传感元件都被看作一个触元，全部信息被称作触觉图像。触觉传感器用于测量面上的应力分布，其结构与数据举例如图5-30所示。

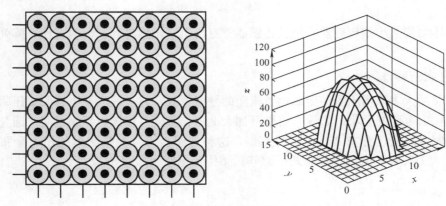

图 5-30　触觉传感器的结构与数据举例

一般来说，通过触觉传感器能获得接触、力、简单的几何信息、物体的主要几何特性、机械特性以及物体的滑动状态等信息。接触是否发生是这类传感器能获得的最简单的信息，而每个传感元件都可给出局部所加的力的相关信息，可以以多种方式被用于高精度的连续计算；接触区域的位置、接触面的几何形状，如平面、圆面等信息，也是触觉传感器能获取到的信息之一；通过传感器给出的适当精度与物体三维形状相关的数据可推断出物体的形状，如球体或圆柱体；在检测的过程中，同时也能获得物体的温度特性、刚性、摩擦系数以及物体与传感器的有关运行等信息。

5.6.1　接触觉传感器

接触觉传感器的最大特点在于可以进行操作过程中的精细作业，可以探测触觉信息，如硬度、热传导性、摩擦力与粗糙度等，有助于识别物体。接触觉传感器在工作时，在电极和柔性导体之间留有间隙，当施加外力时，受压部分的柔性导体和柔性绝缘体发生变形，利用柔性导体和电极之间的接通状态形成接触觉。

接触觉传感器对于机器人的操作、探测、响应三种行为如图5-31所示。操作时，进行抓取力的控制和稳定性评价；通过探测物体的表面纹理、硬度、热特性等获取接触面的局部特性；对检测结果和外部作用做出相应的响应。

5.6.2　压觉传感器

压觉传感器（Pressure Sensor）又称压力觉传感器，是安装于机器人手指上、用于感知

a) 操作　　　　　　　b) 探测　　　　　　　c) 响应

图 5-31　接触觉传感器的作用

被接触物体压力值大小的传感器。压觉传感器常有压阻式压感阵列、电容式压感阵列、微机电压感阵列。

1. 压阻式压感阵列

压觉传感器大多采用压阻油墨或批量模塑的导电橡胶，通过改变导电橡胶或压阻油墨的渗入可控制输出电阻的大小。如渗入石墨可加大电阻，渗碳、渗镍可减小电阻。通过合理选材和加工手制成高密度分布式，压觉传感器。这种传感器可以测量细微的压力分布及其变化，故有"人工皮肤"之称。压阻式压感阵列结构及电路图如图 5-32 所示。

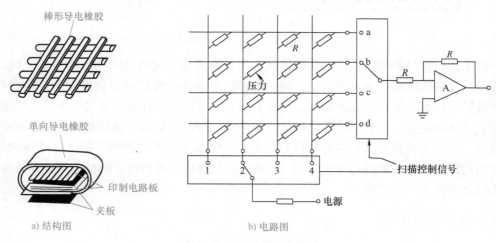

a) 结构图　　　　　　　　　　b) 电路图

图 5-32　压阻式压感阵列

2. 电容式压感阵列

电容式压感阵列是使用最早且最普遍的压觉传感器之一。嵌入机器人指尖的电容式压感阵列如图 5-33 所示，适用于机械手的灵巧操作。电容式压感阵列由重叠的行和列电极组成，它们被弹性电介质分开形成电容阵列。在个别交叉点处压紧行列隔板间的电介质会导致电容的变化。基于物理参量的电容表达式可表示为

$$C \approx \varepsilon \frac{A}{d} \tag{5-14}$$

式中，ε 为电容极板电介质的介电常数；A 为极板面积；d 为两极板间的间距。压紧电容极板间电介质使极板间距 d 减小，从而产生了对位移的线性响应。

●电动机　　腱张力传感器　　触觉传感器

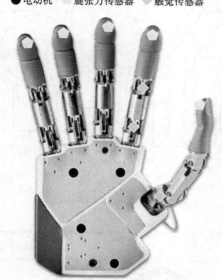

图 5-33　嵌入机器人指尖的电容式压感阵列

3. 微机电压感阵列

微机电系统（Micro-Electro-Mechanical System，MEMS）技术对于制造高集成度封装的触觉感测传感器非常有吸引力。目前市场上出现的在弹性橡胶皮肤中嵌入一种结构类似操作杆的微型 MEMS 硅基负载元件，这些 MEMS 硅基负载元件可以分布在皮肤表面下从而检测弹性皮肤中复杂的应力状态。

除了上述的压阻式、电容式、微机电压感阵列外，还可使用普通橡胶作为传感器面，用光学和电磁学等手段检测其接触面变形量的方式达到检测目的。

5.6.3　滑觉传感器

在工业机器人的运动中，采用滑觉传感器来进行滑动的检测，通常通过修正设定的握力来防止滑动。一般滑觉传感器有滚轮式、球式和振动式三种。

滚轮式滑觉传感器在检测过程中，若有物体在传感器表面上滑动，滚轮或球与之相接触，滑动即可变成转动。如图 5-34 所示，滑动物体引起滚轮的转动，通过磁铁和静止的磁头进行检测。

球式滑觉传感器如图 5-35 所示。它由一个金属球和触针组成，金属球表面分成许多个相间排列的导电（黑）和绝缘（白）小格，构成黑白相间的图形，黑色为导电部分，白色为绝缘部分，球面凹凸不平；两个电极和球面接触，根据电极间导通状态的变化，就可以检测到球的转动，即检测滑觉。球转动时碰撞到触针，从而可知电极与球面的接触点的开关状态，检测滑移工件各个方向的滑动。触针头很细，每次只能触及一格。当工件滑动时，金属球也随之转动，在触针上输出脉冲信号，脉冲信号的频率反映了滑移速度，滑移的距离则通过脉冲数的变化来反映。

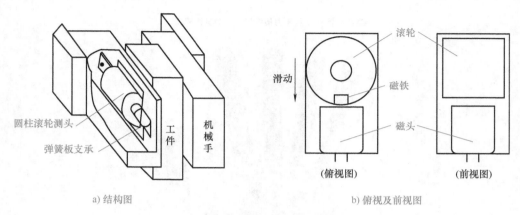

a) 结构图   b) 俯视及前视图

图 5-34   滚轮式滑觉传感器

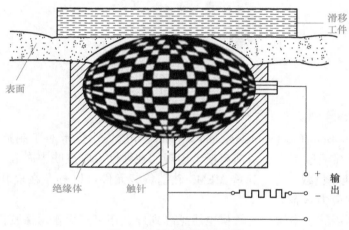

图 5-35   球式滑觉传感器

　　振动式滑觉传感器如图 5-36 所示。根据振动原理制成滑觉传感器，钢球指针与被抓物体接触，若工件滑动，则指针振动，线圈输出信号。

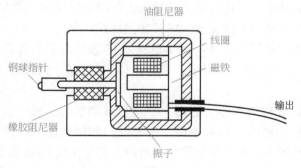

图 5-36   振动式滑觉传感器

　　除了上述三种滑觉传感器之外，还有最新的温度滑觉传感器，利用被测物体滑动时传感器下方表面的温度变化进行检测。

5.7 力觉传感器

> 关键词：驱动力传感器、加速度仪。
> 相关知识：驱动力传感器的工作过程；加速度仪的工作过程。
> 小组讨论：通过相关资料的查阅和知识点的学习，各小组展开讨论，并根据不同的情况选择合适的力觉传感器。

工业机器人靠力觉传感器控制与被测物体自重和转矩相应的力，或者举起或移动物体，力觉传感器也可用在旋紧螺母、轴与孔的嵌入等装配工作中。例如，在工业机器人的工作中可以采用压力传感器来衡量载荷，从而增加刚性机器人的定位精度和灵活性。

1. 驱动力传感器

驱动力传感器是力传感器、力矩传感器、腕力传感器的综合。

在工业机器人的驱动装置——伺服电动机中，通过测量电动机电流即可进行驱动力的测量，即用一个检测电阻和电动机串联后通过电阻值的改变来测量检测电阻两端的电压降，但是，电动机通常通过减速器与机器人手臂连接，减速器的输出/输入效率为60%或更低，所以测量减速器输出端的转矩更为准确，一般采用转矩负载单元——应变片来进行。图 5-37 为带有驱动力传感器的力控制机器人。

工业机器人(巴雷特)
力/力矩传感器(JR3)
气动工具切换器
CCD USB摄像机
刀具转换器(ATI)
三指机械手

图 5-37　带有驱动力传感器的力控制机器人

如果手臂和机械手用绳索或钢缆驱动，可以测量索张力。图 5-38 就是一种测量索张力的方式，它通过压在腱绳上的可测量应变的应变片实现对腱绳张力的测量。其中，T_1 为张力；M 为力矩。当有张力作用在腱绳上时，传感器测量的力由轴向分量和切向分量合成。

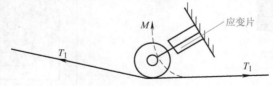

M
应变片
T_1
T_1

图 5-38　腱绳张力传感器

通常情况下，如果驱动力传感器安装在机械手的指尖上，外部的力和力矩也可以通过关节力矩传感器对轴转矩的测量进行估计；如果力/力矩传感器安装在机器人腕部，其内部的力控制需要 3 个平移力分量和 3 个力矩共 6 个力分量来提供完整的接触力信息；在这种情况下，通常假设安装在传感器与环境之间的工具（末端执行器）的重量和惯性可以忽略，或者可以从力/力矩测量中适当地补偿。对于工业机器人而言，力信号可以通过应变和变形两种方式测量获得，如果通过应变的测量获得，则传感器也被称为刚性传感器，而柔性传感器大多是指通过力信号转变的相应的变形量进行测量。

当驱动力传感器装载在末端执行器和工业机器人最后一个关节之间时，即为腕力传感器，它能直接测出作用在末端执行器上各个方向的力和力矩。当驱动力传感器不能测出工具附件所施加或施加于工具附件上的力时，通常可采用单独的力觉传感器，也可采用装载在不同末端执行器上的灵活阵列传感器。末端执行器处的受力和转矩可以采用压电单元进行估计。通过谨慎地布置力觉传感器，可同时测量受力和转矩。驱动力传感器用于在机器人操作中估计应力和接触，成为装配系统的一部分，从而为工业机器人的决策提供依据。

2. 加速度仪

加速度仪采用不同的机制把外界的加速度转换成为力的形式，进而转换为计算机可读的信号，加速度仪对于所有的加速度引起的外加作用力（重力等）都很敏感，常见的有机械式加速度仪和压电式加速度仪。

（1）机械式加速度仪　如图 5-39 为一个典型的机械式加速度仪，由弹簧、配重、阻尼器三部分组成。当一个外力施加于加速度仪时，由于配重的存在使弹簧发生正比于加速度的形变。

（2）压电式加速度仪　常用的压电式加速度仪如图 5-40 所示，主要由弹簧、配重、压电晶体组成，其输出端产生的电压与它所承受的加速度成比例。敏感元件由两片压电晶体圆片（锆钛酸铅）组成。圆片上放有配重。配重由一个弹簧预先加载，整个组件安装在厚基座的金属外壳内。当传感器随运动物体做加速度运动时，配重向压电晶体圆片施加一个与配重块加速度精确地成比例的力。由于压电效应，在两个压电晶体圆片的两端产生一个电位差（电压）。这个电位差也与配重块的加速度成比例。为了放大压电式加速度传感器较小的输出信号，传感器可以同电压放大器配合使用，也可同电荷放大器配合使用。压电式加速度仪有很高的自振频率，体积小，重量轻，灵敏度高。

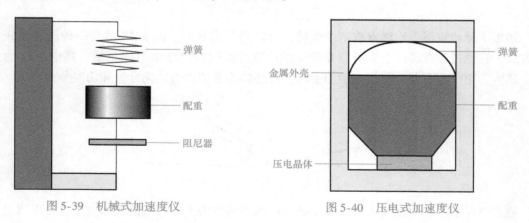

图 5-39　机械式加速度仪　　　　图 5-40　压电式加速度仪

5.8 视觉传感器

学习指南

> 关键词：视觉传感器、相机。

> 相关知识：机器人视觉的功能；图像处理的过程。

> 小组讨论：通过相关资料的查阅和知识点的学习，各小组展开讨论，并根据不同的情况选择合适的视觉传感器。

机器人视觉技术作为一种相对新兴的技术，在工业和制造业中不仅提高了产品的质量，还提高了生产的效率和操作的安全性，在检测缺陷和防止缺陷产品输出等方面具有不可估量的价值。视觉传感器可以对位置、物体形状、尺寸及缺陷进行检测和图像识别。

传统的3CCD透视彩色相机和拜尔滤镜就属于视觉传感器。传统的3CCD透视彩色相机含有三组电荷耦合探测器（Charge Coupled Device，CCD）阵列，可以分别接收人眼感觉到的红色、绿色和蓝色的可见光谱部分。更常见且较便宜的一种替代设备称为单芯片CCD相机。该设备采用一组空间特别排列的滤色镜，统称为拜尔滤镜。滤镜组可进一步处理（称为去马赛克处理），以提供每一个像素点的色彩信息。

典型的视觉传感器由照明光源、摄像器件、A-D转换器、图像存储器组成，如图5-41所示，分别完成照明被测物体、接收光学信号、转换为相应电信号、将图像二维信号转换为时间序列一维信号等功能。

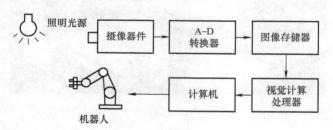

图5-41 视觉传感器的组成

机器人视觉系统一般需要处理三维图像，不仅需要了解物体的大小、形状，还要知道物体之间的关系。因此，视觉系统的硬件组成中还包括距离测定器，如图5-42所示。

在测量过程中，一个镜像点和它的两个相机中的成像点构成一个三角形，如果已知两个相机之间的基线距离和相机发射光线形成的夹角，就可以计算出到物体的距离。

在自动化系统中，机器视觉是一个必不可少的元素。视觉传感器不同于简单的传感器，在评估产品、定位缺陷、收集信息用于指导业务运营和优化机器人及其他设备的生产率方面，都能提供更多的信息。机器视觉技术在智能生产线中的应用如图5-43所示。

随着数据分析能力的提高，在工业4.0工厂环境下通过视觉设备收集的大量数据可用于识别和标记缺陷产品，了解缺陷细节，从而在生产过程中可以进行快速有效地干预。在智能化工厂中可以采用机器视觉技术进行产品的检测或代码的提取等。

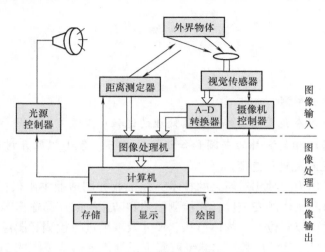

图 5-42　机器人视觉系统组成

图 5-43　机器视觉技术在智能生产线中的应用

本 章 小 结

　　本章首先介绍了工业机器人传感器的定义、工作原理，以及各种不同类型传感器的功能，包括内部传感器和外部传感器；然后介绍了传感器的静态特性和动态特性，同时介绍了不同类型的传感器及其相关应用，包括位置传感器、角速度传感器、接近式传感器、触觉传感器、力觉传感器和视觉传感器。

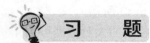 习　　题

1. 简述传感器的工作过程。
2. 内部传感器的功能是什么？列举常见的内部传感器。
3. 外部传感器的功能是什么？列举常见的外部传感器。

4. 什么是传感器的静态特性？常见的静态特性指标有哪些？

5. 什么是传感器的动态特性？常见的动态特性指标有哪些？

6. 位置传感器在工业机器人中的作用是什么？

7. 电位器式传感器的特点是什么？

8. 绝对式编码器的功能是什么？有哪些类型？

9. 旋转变压器的工作原理是什么？

10. 绝对式编码器和相对式编码器的区别是什么？

11. 常见的接近式传感器有哪些？

12. 常见的超声波探头有哪些类型？

13. 常见的触觉传感器有哪些？都应用在哪些场合？

14. 常见的力觉传感器有哪些？都应用在哪些场合？

15. 常见的视觉传感器有哪些？都应用在哪些场合？

第6章

工业机器人控制系统

教学导航

➤ 章节概述：本章主要介绍工业机器人控制系统的功能、特点、结构及控制方式，以便帮助读者在对工业机器人进行设计和选型时，有更充分的依据。

➤ 知识目标：掌握工业机器人控制系统的功能、特点、结构及控制方式。

➤ 能力目标：能够绘制出工业机器人控制系统框图，在控制室根据机器人的运行轨迹选择合适的控制方式。

控制系统是工业机器人的主要组成部分，它的机能类似于人脑，工业机器人要与外围设备协调动作，共同完成作业任务，就必须具备一个功能完善、灵敏可靠的控制系统。工业机器人的控制系统可分为两大部分，一部分是对其自身运动的控制，另一部分是工业机器人与周边设备的协调控制。

6.1 控制系统的主要功能

学习指南

◆ 关键词：示教再现、运动控制。

◆ 相关知识：工业机器人控制系统的示教再现，工业机器人运动控制的功能。

◆ 小组讨论：分小组讨论控制系统的主要功能及示教功能中两种方式的优缺点。

工业机器人控制系统的主要任务是控制工业机器人在工作空间中的运动位置、姿态和轨迹、操作顺序及动作时间等项目，其中有些项目的控制非常复杂。工业机器人控制系统的主要功能如下：

（1）示教再现控制　示教再现控制是指控制系统可以通过示教盒或手把手进行示教，将动作顺序、运动速度、位置等信息用一定的方式预先教给工业机器人，由工业机器人的记忆装置将所教的操作过程自动记录在存储器中，当需要再现操作时，重放存储器中存储的内容即可，如需更改操作内容时，只需重新示教一遍。

（2）运动控制功能　运动控制功能是指对工业机器人末端执行器的位姿、速度、加速度等项目的控制。

6.1.1 示教再现控制

示教再现控制的内容主要包含示教及记忆方式、示教编程方式。

1. 示教及记忆方式

（1）示教方式　示教方式种类繁多，总的可以分为集中示教方式和分离示教方式。

集中示教方式就是指同时对位置、速度、操作顺序等的示教方式。分离示教方式是指在示教位置之后，再一边动作，一边分别示教位置、速度、操作顺序等的示教方式。

当对离散点位控制的工业机器人示教时，可以分别编制程序，且在示教过程中能对程序进行编辑、修改。但当工业机器人做曲线运动且位置精度要求较高时，示教点数增多，示教时间就会拉长，且在每一个示教点都要停止和起动，因而很难进行速度的控制。对需要连续轨迹控制的喷漆、电弧焊等工业机器人进行连续轨迹控制示教时，示教操作一旦开始，就不能中途停止，必须不中断地进行直到示教结束为止，且在示教过程中很难进行局部修正。

（2）记忆方式　工业机器人的记忆方式随着示教方式的不同而不同。又由于记忆内容的不同，故其所用的记忆装置也不完全相同。通常，工业机器人操作过程的复杂程度取决于记忆装置的容量。容量越大，其记忆的点数就越多，操作的动作越多，工作任务就越复杂。

最初，工业机器人使用的记忆装置大部分是磁鼓，随着科学技术的发展，慢慢地出现了磁线、磁心等记忆装置。现在，计算机技术的发展使得半导体记忆装置日趋成熟，尤其是集成化程度高、容量大、高度可靠的随机存取存储器（RAM）和可编程只读存储器（EPROM）等半导体的出现，使工业机器人的记忆容量大大增加，特别适合于复杂程度高的操作过程的记忆，并且其记忆容量可达无限。

2. 示教编程方式

目前，大多数工业机器人都具有采用示教方式编程的功能。示教编程一般可以分为手把手示教编程和示教盒编程两种方法。

（1）手把手示教编程　手把手示教编程方式主要用于喷漆、弧焊等要求实现连续轨迹控制的工业机器人的示教编程。具体的方法是人工利用示教手柄引导末端执行器经过所要求的位置，同时由传感器检测出工业机器人各关节处的坐标值，并且控制系统记录、存储这些数据信息。实际工作时，工业机器人的控制系统重复再现示教过的轨迹和操作技能。

手把手示教编程也能实现点位控制，与连续轨迹控制不同的是，它只记录各轨迹程序移动的两端点位置，轨迹的运动速度则由各轨迹程序段对应的功能数据输入决定。

（2）示教盒示教编程　示教盒示教编程方式是人工利用示教器上所具有的各种功能按钮驱动工业机器人的各关节轴，按作业所要求的顺序单轴运动或多关节协调运动，从而完成位置和功能的示教编程。

示教盒通常是一个带有微处理器的、可随意移动的小键盘，内部 ROM 中固化有键盘扫描和分析程序，其功能键一般包括回零、示教方式、自动方式和参数方式等。

示教盒编程控制由于编程方便、装置简化等优点，在工业机器人的初期得到较多的应用。同时，又由于编程精度不高、程序修改困难、对示教人员技术要求高等缺点的限制，促使人们又开发了许多新的控制方式和装置，以使工业机器人能更好、更快地完成作业任务。

6.1.2　运动控制

工业机器人的运动控制是指工业机器人的末端执行器从一点移动到另一点的过程中，对其位置、速度和加速度的控制。由于工业机器人末端执行器的位置和姿态是由各关节的运动引起的，因此，对其运动控制实际上是通过控制关节运动实现的。

工业机器人的关节运动控制一般可分为两步进行：第一步是关节运动伺服指令的生成，即将末端执行器在工作空间的位置和姿态的运动转化为由关节变量表示的时间序列或表示为关节变量随时间变化的函数，一般可离线完成；第二步是关节运动的伺服控制，即跟踪执行第一步所生成的关节变量伺服指令，这一步是在线完成的。

6.2　控制系统的特点

学习指南

➤ 关键词：特点。

➤ 相关知识：工业机器人控制系统的特点。

➤ 小组讨论：通过查阅资料，分小组讨论工业机器人控制系统的特点，以及其与一般设备控制系统间的主要差别。

工业机器人的结构多为空间开链机构，其各个关节的运动是独立的，为了实现末端点的运动轨迹，需要多关节的运动协调。因此，工业机器人的控制系统与普通的控制系统相比要复杂得多，具体如下：

1）工业机器人的控制与机构运动学及动力学密切相关。工业机器人手足的状态可以在各种坐标下进行描述，可根据需要选择不同的参考坐标系，并进行适当的坐标变换；经常要求正向运动学和反向运动学的解，此外还要考虑惯性力、外力（包括重力）、哥氏力及向心力的影响。

2）一个简单的工业机器人至少要有 3～5 个自由度，比较复杂的工业机器人有十几个甚至几十个自由度。每个自由度一般包含一个伺服机构，它们必须协调起来，组成一个多变量控制系统。

3）把多个独立的伺服系统有机地协调起来，使其按照人的意志行动，甚至赋予工业机器人一定的智能，这个任务只能由计算机来完成。因此，工业机器人控制系统必须是一个计算机控制系统。同时，计算机软件担负着艰巨的任务。

4）描述工业机器人状态和运动的数学模型是一个非线性模型，随着状态的不同和外力的变化，其参数也在变化，各变量之间还存在耦合。因此，工业机器人控制系统仅仅利用位置闭环是不够的，还要利用速度甚至加速度闭环。系统中经常使用重力补偿、前馈、解耦或自适应控制等方法。

5）工业机器人的动作往往可以通过不同的方式和路径来完成，因此存在一个"最优"的问题。较高级的工业机器人可以用人工智能的方法，用计算机建立起庞大的信息库，借助信息库进行控制、决策、管理和操作。根据传感器和模式识别的方法获得对象及环境的工况，按照给定的指标要求，自动地选择最佳的控制规律。

总而言之，工业机器人控制系统是一个与运动学和动力学原理密切相关的、有耦合的、非线性的多变量控制系统。由于它的特殊性，经典控制理论和现代控制理论都不能照搬使用。目前为止，工业机器人控制理论还不完整、不系统。相信随着工业机器人技术的发展，工业机器人控制理论必将日趋成熟。

6.3　控制系统的结构

学习指南

➤ 关键词：控制系统硬件结构、控制系统软件结构。

> 相关知识：工业机器人控制系统的硬件结构、软件结构。
> 小组讨论：通过控制系统硬件设备的所属类型的学习，各小组展开讨论，并列出控制系统各个部分的名称和作用。

工业机器人控制系统结构如图6-1所示，各部分的名称和作用如下：

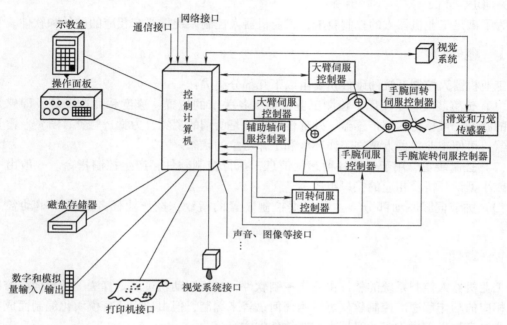

图6-1　工业机器人控制系统结构

（1）控制计算机　控制系统的调度指挥机构。一般为微型计算机、微处理器，有32位、64位等，如奔腾酷睿系列CPU以及其他类型CPU。

（2）示教盒　示教机器人的工作轨迹和参数设定，以及所有人机交互操作，拥有自己独立的CPU以及存储单元，与主计算机之间以串行通信方式实现信息交互。

（3）操作面板　由各种操作按键、状态指示灯构成，只完成基本功能的操作。

（4）磁盘存储器　机器人工作程序的外围存储器。

（5）数字和模拟量输入/输出　实现各种状态和控制命令的输入/输出。

（6）打印机接口　记录需要输出的各种信息。

（7）传感器接口　用于信息的自动检测，实现工业机器人的柔顺控制，一般为力觉、触觉和视觉等传感器。

（8）轴控制器　完成工业机器人各关节的位置、速度和加速度控制，如大臂、回转、手腕伺服控制器等。

（9）辅助设备控制　用于和工业机器人配合的辅助设备控制，如机械手变位器、辅助轴伺服控制器等。

（10）通信接口　实现工业机器人和其他设备的信息交换，一般有串行接口、并行接口等。

（11）网络接口　包括Ethernet接口和Fieldbus接口。

Ethernet 接口：可通过以太网实现数台或单台机器人的直接 PC 通信，数据传输速率高达 10Mbit/s，可直接在 PC 上用 Windows 98 或 Windows NT 库函数进行应用程序编程，支持 TCP/IP 通信协议，通过 Ethernet 接口将数据及程序装入各个工业机器人控制器中。

Fieldbus 接口：支持多种流行的现场总线规格，如 DeviceNet、AB Remote I/O、Interbus-S、Profibus-DP、Mnet 等。

为了满足工业机器人的控制要求，工业机器人控制系统需要有相应的硬件和软件。

6.3.1 硬件

工业机器人控制系统的硬件主要由以下几部分组成：

（1）传感装置 主要用于检测工业机器人各关节的位置、速度和加速度等，即感知其本身的状态，可称为内部传感器；外部传感器就是所谓的视觉、力觉、触觉、听觉、滑觉等传感器，可使工业机器人感知工作环境和工作对象的状态。

（2）控制装置 用于处理各种感觉信息，执行控制软件，产生控制指令。一般由一台微型或小型计算机及相应的接口组成。

（3）关节伺服驱动部分 主要根据控制装置的指令，按作业任务的要求驱动各关节运动。

6.3.2 软件

工业机器人控制系统的软件主要指控制软件，包括运动轨迹规划算法、关节伺服控制算法及相应的动作程序。控制软件可以用任何语言来编制，但由通用语言模块化编制而成的专用工业语言越来越成为工业机器人控制软件的主流。

6.4 控制方式

学习指南

➤ 关键词：控制方式。

➤ 相关知识：点位控制方式、连续轨迹控制方式、力（力矩）控制方式的特点。

➤ 小组讨论：分组举例说明如何根据不同的运动要求选择合适的控制方式。

工业机器人的控制方式多种多样，根据作业任务的不同，主要分为点位（PTP）控制方式、连续轨迹（CP）控制方式、力（力矩）控制方式和智能控制方式。

6.4.1 点位控制方式

点位（Point to Point，PTP）控制方式的特点是只控制工业机器人末端执行器在作业空间中某些规定的离散点上的位姿。控制时只要求工业机器人快速、准确地实现相邻各点之间的运动，而对达到目标点的运动轨迹则不做任何规定。这种控制方式的主要技术指标是定位精度和运动所需的时间。由于其控制方式易于实现、定位精度要求不高，因而常被应用在上下料、搬运、点焊和在电路板上安插元件等只要求目标点处保持末端执行器位姿准确的作业中。一般来说，点位控制方式比较简单，但要达到 $2\sim3\mu m$ 的定位精度是相当困难的。

PTP 运动控制系统包括五个部分：最终机械执行机构、机械传动机构、动力部件、控制器、位置测量器。其中，机械执行机构包括焊接机器人的机械手、数控加工机床的工作台等；机械传动机构包括各种类型的减速器、丝杠螺母副；动力部件包括各种交直流电动机、步进电动机、压电陶瓷、磁滞伸缩材料；控制器一般采用全数字控制式交直流伺服系统。

6.4.2　连续轨迹控制方式

连续轨迹（Continuous Path，CP）控制方式的特点是连续地控制工业机器人末端执行器在作业空间中的位姿，要求其严格按照预定的轨迹和速度在一定的精度范围内运动，而且速度可控，轨迹光滑，运动平稳，以完成作业任务。工业机器人各关节连续、同步地进行相应的运动，其末端执行器即可形成连续的轨迹。这种控制方式的主要技术指标是工业机器人末端执行器位姿的轨迹跟踪精度及平稳性。通常弧焊、喷漆、去毛边和检测作业机器人都采用这种控制方式。图 6-2a、b 分别为点位控制方式与连续轨迹控制方式。

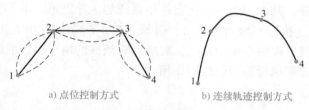

a) 点位控制方式　　　b) 连续轨迹控制方式

图 6-2　工业机器人的运动控制方式

实际上，工业机器人连续轨迹控制的实现是以点位控制为基础，通过在相邻两点之间采用满足精度要求的直线或圆弧轨迹差补运算即可实现轨迹的连续化，如图 6-3 所示。

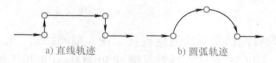

a) 直线轨迹　　　b) 圆弧轨迹

图 6-3　直线和圆弧轨迹差补运算

直线插补是机器人从当前示教点到下一个示教点运行一段直线。直线插补常被用于直线焊缝的焊接作业示教。

圆弧插补是机器人沿着用圆弧插补示教的三个示教点执行圆弧轨迹移动。在焊接机器人中，圆弧插补常被用于环形焊缝的焊接作业示教。

6.4.3　力（力矩）控制方式

在工业机器人完成装配、抓放物体等工作时，除需要准确定位之外，还要求具有适度的力或力矩，这时就需要采用力（力矩）控制方式。这种控制方式的控制原理与位置伺服控制原理基本相同，只不过输入量和反馈量不是位置信号，而是力（力矩）信号，因此系统中必须有力（力矩）传感器。有时也利用接近觉、滑动等传感器进行自适应式控制。

6.4.4　智能控制方式

工业机器人的智能控制方式是通过传感器获得周围环境的知识，并根据自身内部的知识

工业机器人技术基础

库做出相应的决策。采用智能控制技术，使工业机器人具有较强的环境适应性及自学习能力。智能控制技术的发展有赖于近年来人工神经网络、基因算法、遗传算法、专家系统等人工智能的迅速发展。这种控制方式模式可能使工业机器人真正有点"人工智能"的落地味道，但也是最难控制得好的，除了算法外，也严重依赖于元件的精度。

智能控制系统包括递阶智能控制系统、模糊控制系统和神经网络控制系统等。实际上，一个实际的智能控制系统或装置往往是将几种方法和机制结合在一起，从而建立起混合或集成的智能控制系统。

1. 递阶智能控制系统

递阶智能控制系统是按照精度随智能降低而提高（IPDI）的原理分级分布的，这一原理是递阶管理系统中常用的。

递阶智能控制系统由三个基本控制级构成，其级联结构如图6-4所示。递阶智能控制系统是一个整体，它把定性的用户指令变换为一个物理操作序列。系统的输出通过一组施加于驱动器的具体指令实现。其中，组织级代表控制系统的主导思想，由人工智能控制；协调级是上（组织）级和下（执行）级间的接口，起承上启下的作用，由人工智能和运筹学共同作用；执行级是递阶智能控制系统的底层，要求具有较高的精度和较低的智能，它按照控制论进行控制，对相关过程执行适当的控制作用。

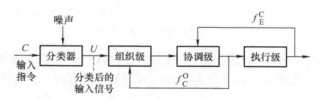

图6-4 递阶智能控制系统的级联结构

递阶智能控制系统为智能控制系统适应现代工业、空间探索、核处理和医学等领域的需求提供了一个有效途径。图6-5为具有视觉反馈的PUMA600机械手的智能系统分级结构。

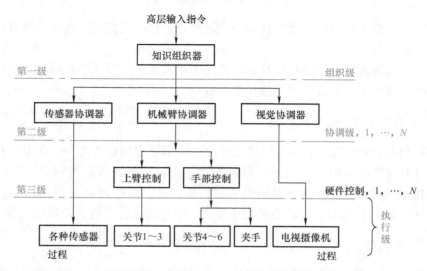

图6-5 具有视觉反馈的PUMA600机械手智能系统分级结构

2. 模糊控制系统

模糊控制是一类应用模糊集合理论的控制方法。模糊控制的有效性可从两个方面来考虑，一方面模糊控制提供了一种实现基于知识（基于规则）的其至语言描述的控制规律的新机理；另一方面模糊控制提供了一种改进非线性控制器的替代方法，这种非线性控制器一般用于控制含有不确定性和难以用传统非线性控制理论处理的装置。

模糊控制系统的基本结构如图6-6所示，其中模糊控制器由模糊化接口、知识库、推理机和模糊判决接口四个基本单元构成。

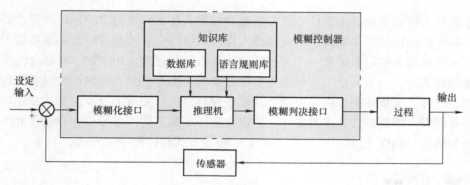

图 6-6 模糊控制系统的基本结构

（1）模糊化接口 测量输入变量（设定输入）和受控系统的输出变量，并把它们映射到一个合适的响应论域的量程，然后精确地输入数据被变换为适当的语言值或模糊集合的标识符，本单元可视为模糊集合的标记。

（2）知识库 涉及应用领域和控制目标的相关知识，由数据库和语言控制规则库组成。数据库为语言控制规则的论域离散化和隶属函数提供必要的定义，语言控制规则标记控制目标和领域专家的控制策略。

（3）推理机 推理机是模糊控制系统的核心，以模糊概念为基础，模糊控制信息可通过模糊蕴涵和模糊逻辑的推理规则来获取，并可实现拟人决策过程。根据模糊输入和模糊控制规则，模糊推理求解模糊关系方程，获得模糊输出。

（4）模糊判决接口 起到模糊控制的推断作用，并产生一个精确的或非模糊的控制作用，此精确控制作用必须进行逆定标（输出定标），这一作用是在对受控过程进行控制之前通过量程变换来实现的。

3. 神经网络控制系统

基于人工神经网络（Neural Net）的控制简称神经控制或 NN 控制，是智能控制的一个新的研究方向。神经网络技术和计算机技术的发展为神经网络控制提供了技术基础，此外神经网络还具有一些适合于控制的特性和能力，具体包括：

1）神经网络对信息的并行处理能力和快速性适于实时控制和动力学控制。

2）神经网络的本质非线性特性为非线性控制带来新的希望。

3）神经网络可通过训练获得学习能力，能够解决那些用数学模型或规则描述难以处理或无法处理的控制过程。

4）神经网络具有很强的自适应能力和信息综合能力，因而能够同时处理大量的不同类型的控制输入，解决输入信息之间的互补性和冗余性问题，实现信息融合处理，特别适用于复杂系统、大系统和多变量系统的控制。

当然，神经网络控制系统的研究还有大量有待解决的问题，神经网络自身存在的问题也必然会影响到神经网络控制器的性能。目前神经网络控制的硬件实现问题尚未真正解决，对实用神经网络控制系统的研究也有待继续开展与加强。

本 章 小 结

工业机器人控制系统的主要任务是控制工业机器人在工作空间中的运动位置、姿态和轨迹、操作顺序及动作时间等项目。工业机器人控制系统的主要功能有示教再现功能和运动控制功能。工业机器人控制系统是一个与运动学和动力学原理密切相关的、有耦合的、非线性的多变量控制系统。为了满足工业机器人的控制要求，工业机器人控制系统需要有相应的硬件和软件。软件主要指控制软件，包括运动轨迹规划算法、关节伺服控制算法及相应的动作程序。工业机器人的控制方式多种多样，根据作业任务的不同，主要分为点位（PTP）控制方式、连续轨迹（CP）控制方式、力（力矩）控制方式和智能控制方式。

习 题

1. 工业机器人控制系统可以分为哪几部分？
2. 工业机器人控制系统的主要任务是什么？
3. 什么是示教再现？
4. 手动示教和在线示教两种示教方式的优缺点是什么？
5. 工业机器人的关节运动控制一般如何进行？
6. 工业机器人控制系统有哪些特点？
7. 工业机器人控制系统的传感装置的作用是什么？
8. 工业机器人控制系统各部分的名称和作用是什么？
9. 简述工业机器人控制系统各类控制方式的特点及适用场合。

第7章

工业机器人编程

教学导航

> 章节概述：本章主要介绍了工业机器人的示教编程和离线编程，讲述了示教器的概念、示教编程语言及常用指令，以及 RobotStudio 离线编程软件的应用，帮助读者学习工业机器人的编程方法和思路，以便更好地控制和使用工业机器人。

> 知识目标：掌握示教编程的概念特点，明确编程语言及常见指令，同时掌握 RobotStudio 离线编程软件的基础知识。

> 能力目标：能初步使用示教器，并实现简单的编程，或利用 RobotStudio 编程软件在计算机上进行编程，达到机器人编程的初步应用。

工业机器人要实现一定的动作和功能，除了依靠工业机器人的硬件支持以外，相当一部分需要依靠编程来实现。机器人编程是使用某种特定语言来描述机器人的动作轨迹，它通过对机器人动作的描述，使机器人按照既定运动和作业指令完成编程者想要的各种操作。通俗地讲，如果把硬件设施比作机器人的躯体，控制器比作机器人的大脑，那么程序就是机器人的思维，让机器人知道自己该做什么，而人赋予机器人思维的过程就是编程。工业机器人系统软硬件关系如图 7-1 所示，程序的有效性很大程度上决定了机器人完成任务的质量。

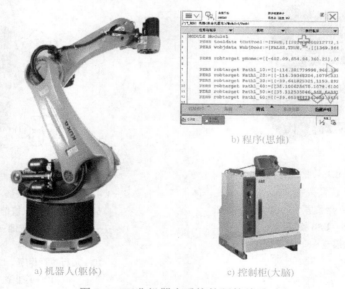

a) 机器人(躯体)　　　　b) 程序(思维)　　　　c) 控制柜(大脑)

图 7-1　工业机器人系统软硬件关系

目前工业机器人常用的编程方法有示教再现编程和离线编程两种。一般在调试阶段，可以通过示教器对编译好的程序进行逐条执行、检查、修正，等程序完全调试成功后，即可正式投入使用。

7.1 示教器概述

学习指南

➤ 关键词：认识示教器。

➤ 相关知识：示教器的组成及特点。

➤ 小组讨论：通过查阅资料，分小组讨论示教器的组成和特点。

ABB 工业机器人示教器是机器人动作控制的核心。示教器主要由按键和触摸屏组成，一共有 8 个部件，且每个部件实现不同的功能，它是操作者和机器人进行交互的人机界面，是控制和操作机器人运行的必要工具，也是机器人示教再现及现场调试的方法手段。ABB 工业机器人示教器外观及按键功能如图 7-2 所示。

示教器上有 12 个专用按键，如图 7-3 所示。最上面 4 个按键是可编程控制按键，用来控制工业机器人的抓紧工具和放松工具，以及外围气路电磁阀的打开和关断等；选择机械单元可实现机器人轴、外轴的切换；选择操纵模式按键（线性/重定位）可以使机器人在线性运动和重定位运动两者之间进行切换；选择操纵模式按键（轴 1 – 3/轴 4 – 6）可以控制机器人轴 1 – 3 和轴 4 – 6 的运动；切换增量按键可以控制机器人的增量运动；最下面 4 个按键实现机器人运行、停止、步进、步退等功能，以便帮助操作者更好地调试程序。

图 7-2　ABB 工业机器人示教器
外观及按键功能
1—连接器　2—触摸屏　3—紧急停止按钮
4—操纵杆　5—USB 接口　6—使动装置
7—触摸笔　8—重置按钮

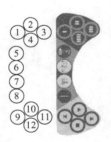

图 7-3　示教器专用按键功能
1 ~ 4—可编程控制按键　5—选择机械单元
6—选择操纵模式按键（线性/重定位）
7—选择操纵模式按键（轴 1 – 3/轴 4 – 6）
8—切换增量按键　9—步退执行程序
10—运行执行程序　11—步进执行程序
12—停止执行程序

示教器示教编程实际上是利用嵌入式系统控制代替人直接对机器人的力学操作，而且还增加了一些其他功能。示教器示教编程是指人工利用示教器上所具有的各种功能的按键来驱动工业机器人的各关节按作业需要进行运动，从而完成位置和功能的编程。

工业机器人示教器的主要工作方式如图 7-4 所示。

示教器的触摸屏显示需要打开才能看到，在调试机器人时，操作者需通过手动操作示教

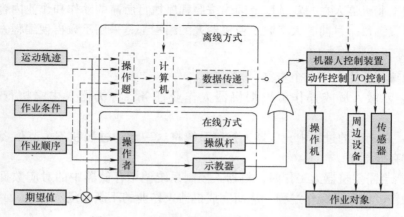

图 7-4 工业机器人示教器的主要工作方式

器来实现机器人与人的交互。工业机器人所有的基本操作都可以通过示教器来完成，如机器人的手动操作、机器人程序的编写、调试、设置以及查询机器人的状态等。示教器手动操作界面如图 7-5 所示。

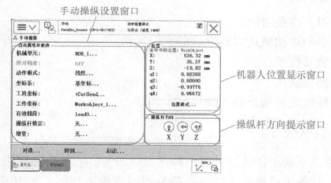

图 7-5 示教器手动操作界面

7.2 示教再现编程及常用指令

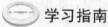 学习指南

> ➤ 关键词：示教再现编程，编程指令。
> ➤ 相关知识：示教再现编程的概念及特点，示教再现编程的常见指令，示教再现编程的方法和步骤。
> ➤ 小组讨论：通过对工业机器人示教再现编程方法的学习，各小组展开讨论，交流编程经验，并对工业机器人进行简单的编程，达到操作工业机器人的目的。

7.2.1 示教再现编程

工业机器人代替人进行作业时，必须预先对机器人发出指令，规定机器人应该完成的动作和作业的具体内容，同时机器人控制装置会自动将这些指令存储下来，最后再通过存储内容的回放，使工业机器人在一定精度范围内按照程序执行所需的动作和作业内容，这一过程称之为示教再现编程。目前，大多数工业机器人的编程都是采用示教再现编程方式。

1. 示教再现编程的步骤

示教再现编程分为以下三个步骤：

1）示教：示教人员或操作者根据机器人作业任务，将机器人末端执行器送到目标位置。

2）存储：在示教的过程中，机器人控制系统将这一运动过程和各关节位姿参数存储到机器人的内部存储器中。

3）再现：当需要机器人工作时，机器人控制系统调用存储器中的对应数据，驱动关节运动，再现操作者的手动操作过程，从而完成机器人作业的不断重复和再现。

2. 示教再现编程的优点

1）设备简单。

2）操作简便，易于掌握。

3）示教再现过程很快，示教后马上可应用。

3. 示教再现编程的缺点

1）编程占用机器人作业时间。

2）很难规划复杂的运动轨迹以及准确的直线运动。

3）示教轨迹的重复性差。

4）无法接收传感信息。

5）难以与其他操作或其他机器人操作同步。

7.2.2 示教再现编程指令

机器人的编程语言不同于传统的计算机程序设计语言，它是由通用语言模块化编制所形成的专用工业语言，且各工业机器人制造商的编程语言皆不相同。如 IRB120 工业机器人示教再现编程时，常用 MoveJ 指令表示关节空间运动；MoveL 指令表示线性运动；MoveC 指令表示圆弧运动。且关节运动指令对路径精度要求不高，线性运动能确保从起点到终点之间的路径始终保持为直线，圆弧运动指令能确保从起点到终点之间的路径始终保持为圆弧。

工业机器人示教再现编程指令主要有运动指令、I/O 指令、逻辑控制指令、赋值指令，以及其他指令等。

1. 运动指令

运动指令是机器人示教再现编程时最常用的指令，它以指令速度、特定路线模式等工具实现从一个位置移动到另一个指定位置。在使用运动指令时需指定以下几项内容：

1）动作类型：控制到达指令位置的运动路径所采用的运动方式。

2）位置数据：指定运动的目标位置。

3）进给速度：机器人运动的进给速度。

4）定位路径：指定相邻轨迹的过渡形式，具有以下两种形式：

① FINE 相当于准确静止。当指定 FINE 定位路径时，机器人在向下一个目标点驱动前，停止在当前目标点上。如等待指令，机器人应停止在目标点上来执行该指令，即使用 FINE

定位路径。

② Z 相当于圆弧过渡，Z 后的数值为过渡误差，该数值的取值范围为 0～200。Z0 等价于 FINE，当指定 Z 定位路径时，机器人逼近一个目标点但是不停留在这个目标点上，而是向下一个目标点移动，其取值为逼近误差。如 Z50，表示目标 P[i] 点到机器人实际运行路径的最短距离为 50mm。

使用 Z 和 FINE 时，机器人运动路径如图 7-6 所示。

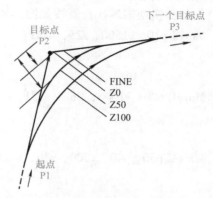

图 7-6　使用 Z 和 FINE 时的机器人运动路径

5）附加运动指令：附加运动指令是机器人在运动过程中所执行的附加指令，帮助理解程序执行的含义。

在示教再现编程中，机器人运动指令是机器人编程的最重要指令。不同的机器人其运动指令的表示方式也不相同，但其所表示的意义却是相同的。表 7-1 为常见工业机器人的运动指令。

表 7-1　常见工业机器人的运动指令

工业机器人品牌 运行方式	ABB	KUKA	FANUC	YASKAWA
点到点（PTP）运动	MoveJ	PTP	J	MOVJ
直线运动	MoveL	LIN	L	MOVL
圆弧运动	MoveC	CIRC	C	MOVC

以 ABB 工业机器人为例，执行最常见的点对点运动，其运动指令格式如图 7-7 所示。

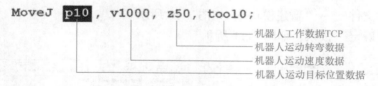

图 7-7　ABB 工业机器人运动指令格式

ABB 工业机器人最常用的运动指令分别是：MoveJ、MoveL、MoveC、MoveAbsj。

1）MoveJ：关节运动指令。机器人 TCP 从一个位置点运动到目标位置点，运动路径不一定为直线。

2）MoveL：线性运动指令。机器人 TCP 沿直线运动至目标位置点。

3）MoveC：圆弧运动指令。机器人 TCP 沿圆弧运动至目标位置点。

4）MoveAbsj：绝对运动指令。机器人各个关节运动到指定位置。

在上述运动指令中，一般有以下 4 个参数：

1）目标位置：通常使用相对偏移。

2）最大运动速度：使用预设的 v 常数指定所需的速度（沿道路方向，单位为 mm/s）。

3）继续运行前（以没有转弯弯度为最佳）所需的精度。

4）正被使用的工具：包括框架、惯性等，此处由工具 0 数据记录。

例如，实现末端执行器按如图 7-8 所示路径前进，可以使用如下语句：

MoveJ p10，v1500，z25，tool1；　　// tool1 的 TCP 从当前位置以关节运动方式、速度 1500mm/s 向 p10 点移动，距离 p10 点还有 25mm 的时候开始转弯

MoveL p20，v1000，fine，tool1；　// tool1 的 TCP 从当前位置以线性运动方式、速度 1000mm/s 向 p20 点移动，到达目标点时速度为 0，所以机器人在 P20 点时稍做停顿

MoveC p30，p40，v500，z30，tool1；//tool1 的 TCP 从 p20 点以圆弧运动方式、速度 500mm/s 向 p40 点移动，圆弧的曲率根据 p30 点的位置计算

上述运动指令操作可通过示教器实施，具体如下：

1）打开"主菜单"，选择"程序编辑器"，如图 7-9 所示。

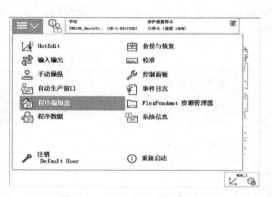

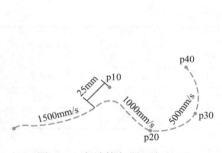

图 7-8　末端执行器运行轨迹

图 7-9　选择"程序编辑器"

2）选择"文件"→"新建模块"，如图 7-10 所示。

3）单击"确定"按钮，如图 7-11 所示。

图 7-10　选择"新建模块"

图 7-11　确定新建模块

4）选择"Module1"，单击"显示模块"按钮，如图 7-12 所示。

5）单击"例行程序"，如图 7-13 所示。

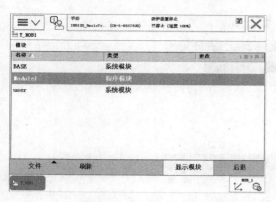

图 7-12 选择"Module1"模块

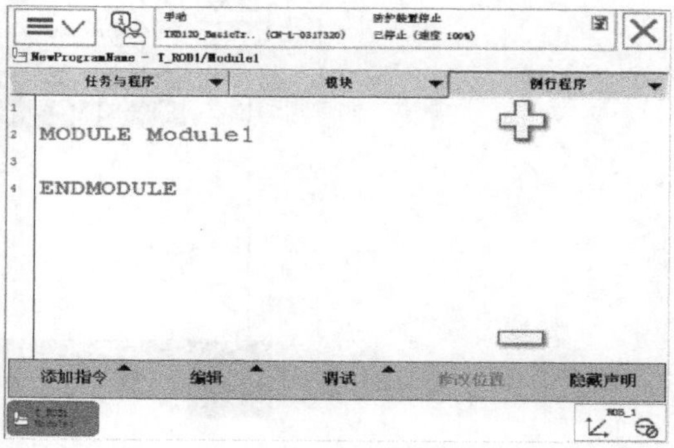

图 7-13 单击"例行程序"

6）单击"文件"，选择"新建例行程序"，如图 7-14 所示。

7）设定例行程序名称（此处使用默认名称 Routine1），单击"确定"按钮，如图 7-15 所示。

图 7-14 新建例行程序

图 7-15 设定例行程序名称

8）选中"Routine1（）"，单击"显示例行程序"按钮，如图 7-16 所示。

9）插入"MoveJ"指令，如图 7-17 所示。

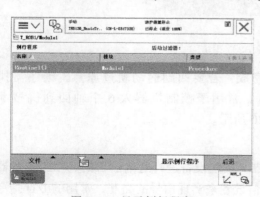

图 7-16 显示例行程序

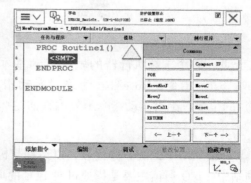

图 7-17 插入"MoveJ"指令

10）单击"＊"命名为"p10"，如图 7-18 所示。

具体程序数据说明见表 7-2。

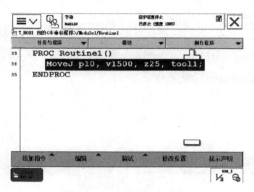

图 7-18　完成 p10 的修改

表 7-2　程序数据说明

程 序 数 据	数 据 类 型	说　　明
p10	robtarget	机器人运动目标位置数据
v1500	speeddata	机器人运动速度数据
z25	zonedata	机器人运动转弯数据
tool1	tooldata	机器人工作数据 TCP

11）按照以上方法继续插入 p20、p30 和 p40，完成轨迹程序指令，如图 7-19 所示。

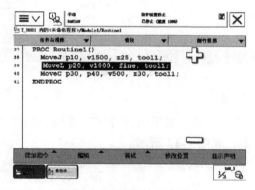

图 7-19　完成轨迹程序指令

至此，整个末端执行器的轨迹运动基本完成，若要回到运动轨迹原点，则还需执行"MoveAbsJ"指令。MoveAbsJ 为绝对运动指令，常用于控制机器人 6 个轴回到机械零点（0°）的位置。绝对运动指令示教编程如图 7-20 所示。

2. I/O 指令

I/O 指令用于控制 I/O 信号，以达到与机器人周边设备进行通信的目的。在工业机器人工作站中，I/O 通信主要是指通过对 PLC 的通信设置来实现信号的交互。常用的 I/O 指令主要有置位指令、复位指令、等待指令等。

（1）置位指令 set　"set do1"表示将数字输出信号 do1 置位为 1，如图 7-21 所示。

（2）复位指令 reset　"reset do1"表示将数字输出信号 do1 复位为 0，如图 7-22 所示。

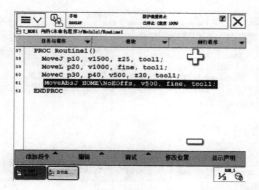

图 7-20 绝对运动指令示教编程

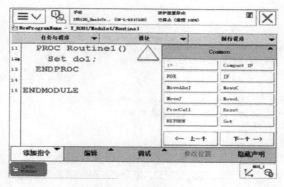

图 7-21 置位指令

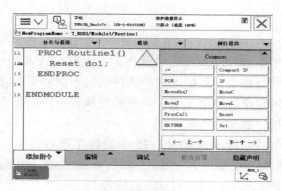

图 7-22 复位指令

（3）等待指令 waitDI "waitDI di1，1"表示等待 di1 的值为 1。一旦 di1 的值为 1，则程序继续往下执行；如果达到最大的等待时间 300s 以后，di1 的值还不为 1，则机器人报警或进入出错处理程序，如图 7-23 所示。

（4）信号判断指令 waitUntil "waitUntil do1 = 1"，表示等待 do1 的值为 1。可用于布尔量、数字量和 I/O 信号值的判断，如果条件达到指令中的设定值，则程序继续往下执行，否则就一直等待，除非设定了最大等待时间，如图 7-24 所示。

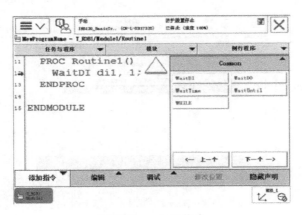

图 7-23　waitDI 指令

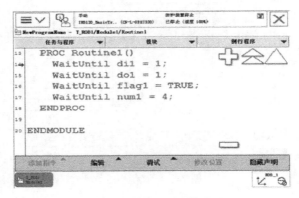

图 7-24　waitUntil 指令

3. 逻辑控制指令

逻辑控制指令在程序中起程序判断转移的作用，主要包含 if 指令、while 指令和 for 指令。其中 if 指令是判断执行指令，根据不同的条件执行不同的语句指令；while 指令是循环执行指令，用于在满足给定条件的情况下，一直重复执行对应的指令；for 指令用于判断一个或多个指令需要重复执行数次的情况。

（1）if 指令　if 指令的功能可通过图 7-25 中的程序进行说明。程序中，num1 表示变量，如果 num1 为 1，则 flag1 会赋值为 TRUE；如果 num1 为 2，则 flag1 会赋值为 FALSE。如果上述两个条件都不成立，则执行 do1 置位为 1。

实际应用中，if 指令的条件数量可以根据实际情况进行增加与减少。

（2）while 指令　while 指令的功能可通过图 7-26 中的程序进行说明。在 num1 > num2 的条件满足的情况下，一直执行 num1 : = num1 − 1 的操作。

（3）for 指令　重复执行判断指令，用于一个或多个指令需要重复执行数次的情况，具体指令功能可通过图 7-27 中的程序进行说明。Add 指令将重复执行 6 次。

4. 赋值指令

赋值指令用于对程序数据进行赋值，赋值可以是一个常量或表达式，如 reg1 : = pi 表示

图 7-25 if 指令功能

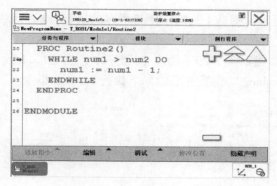

图 7-26 while 指令功能

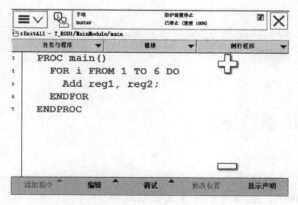

图 7-27 for 指令功能

赋值为一个常量；reg：= reg1 + 4 表示赋值为一个表达式。赋值指令功能如图 7-28 所示。

5. 其他指令

其他指令主要有 ProcCall 调用指令、RETURN 返回指令、WaitTime 时间等待指令以及一些 FUNCTION 功能指令等。其中，WaitTime 时间等待指令用于在一个指定的时间段内，或者直到某个条件满足时的时间段内，结束程序的指令。其指令格式为：WaitTime Time；

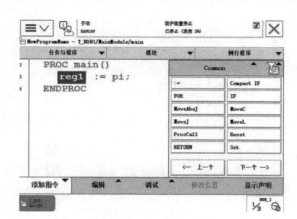

图 7-28 赋值指令功能

RETURN返回指令被执行时，则马上结束本例行程序的执行，返回程序指针到调用此例行程序的位置。

RETURN 返回指令功能如图 7-29 所示。在程序中，当 di1 = 1 时，执行 RETURN 指令，程序指针返回到调用 Routine2 的位置并继续向下执行 Set do1 指令。

图 7-29 RETURN 返回指令功能

7.3 RobotStudio 离线编程

学习指南

➢ 关键词：离线编程，RobotStudio 离线编程软件。

➢ 相关知识：离线编程的概念及特点，RobotStudio 编程软件的操作方法。

➢ 小组讨论：各小组通过对工业机器人离线编程方法的学习和讨论，以简单的焊接轨迹示教为例，使用 RobotStudio 编程软件分步骤进行离线编程。

7.3.1 离线编程

工业机器人离线编程可分为两类：基于文本的编程和基于图形的编程。其中，基于文本的编程是一种机器人专用编程方法，这种编程方法缺少可视性，在实际中基本不采用；而基于图形的编程是利用计算机图形学的成果，建立起计算机及其工作环境的图形模型，并利用计算机语言及相关算法，通过对图形的控制和操作，在离线情况下进行机器人作业轨迹的规划。

在离线编程中，程序通过支持软件的解释或编译产生目标程序代码，最终生成机器人路径规划数据并传送到机器人控制柜，以控制机器人运动，完成给定任务。离线编程系统大多带有仿真功能，它们通过对编程结果进行三维图形动画仿真，来检验编程的正确性，解决了编程时障碍干涉和路径优化等问题。

与示教再现编程相比，离线编程具有以下特点：

1）不需要实际机器人，只需要机器人系统和工作环境的图形模型。

2）编程时不影响机器人正常工作。

3）通过仿真软件试验程序，可预先优化操作方案和运行周期。

4）可用 CAD 方法进行最佳轨迹规划。

5）可实现复杂运行轨迹的编程。

7.3.2 RobotStudio 离线编程软件

RobotStudio 是 ABB 公司推出的工业机器人离线编程软件，其采用了 ABB VirtualRobotTM 技术，是市场上离线编程的领先产品。借助 RobotStudio 可以在构建机器人系统之前进行设计和试运行，并可以预编程仿真，以达到加快计算解决方案工作周期的目的。图 7-30 为 RobotStudio离线编程软件示意图。

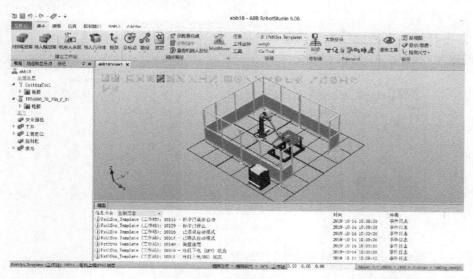

图 7-30 RobotStudio 离线编程软件示意图

RobotStudio 作为一种强大的离线编程软件，可以实现以下主要功能：

（1）CAD 导入 RobotStudio 可轻易地导入各种主要的 CAD 格式数据，包括 IGES、STEP、VRML、VDAFS、ACIS 和 CATIA。通过使用这些非常精确的三维模型数据，机器人程序设计员可以生成更为精确的机器人程序，从而提高产品质量。

（2）自动路径生成　这是 RobotStudio 最节省时间的功能之一，通过使用待加工部件的 CAD 模型，可在短短几分钟内自动生成跟踪曲线所需的机器人位置，人工执行此项任务可能需要数小时或数天。

（3）自动分析伸展能力　利用此功能可以灵活移动机器人或工件，所有位置均可达到，因此可在短短几分钟内验证和优化工作单元布局。

（4）碰撞检测　在 RobotStudio 中，可以验证与确认机器人在运动过程中是否与周边设备发生碰撞，以确保机器人离线编程程序的可用性。

（5）在线作业　使用 RobotStudio 与真实的机器人进行连接通信，可对机器人进行便捷的监控、程序修改、参数设定、文件传送及备份恢复等操作，使得机器人调试与维护工作更轻松。

（6）模拟仿真　根据设计，在 RobotStudio 中进行工业机器人工作站的动作模拟仿真以及工程生产周期节拍要求，为工程的实施提供绝对真实的验证。

（7）应用功能包　针对不同的工艺推出功能强大的应用功能包，将机器人与工艺应用进行有效的融合。

（8）二次开发　提供功能强大的二次开发平台，使得机器人应用实现更多的可能，满足机器人的科研需要。

7.3.3　离线编程实例

本小节以模拟焊接轨迹应用为例，创建工业机器人工作站，应用 RobotStudio 离线编程软件进行离线编程。

1. 工业创建机器人工作站

1）双击打开 RobotStudio 软件，在"文件"选项卡中，选择"新建"→"空工作站"，单击"创建"，如图 7-31 所示。

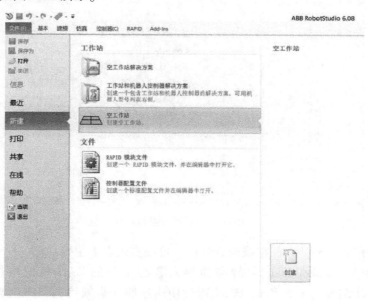

图 7-31　创建工业机器人工作站

2）在"基本"选项卡中，单击"ABB 模型库"下拉按钮，选择"IRB2600"工业机器人，如图 7-32 所示。选择 IRB2600 工业机器人的主要原因是因为它的臂展较长，有利于演示。

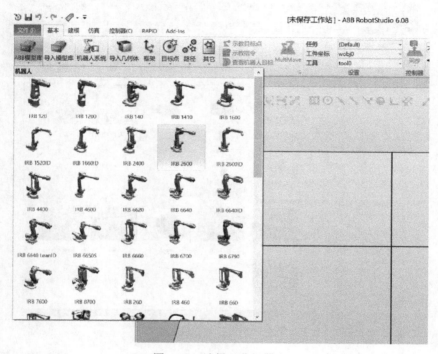

图 7-32 选择工业机器人

3）打开"IRB2600"工业机器人对话框，单击"确定"按钮，将工业机器人导入到工作站中，如图 7-33 所示。

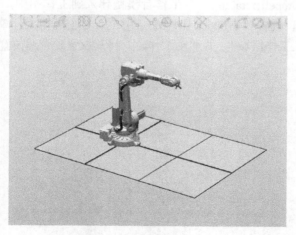

图 7-33 导入工业机器人

4）加载工业机器人工具。在"基本"选项卡中，单击"导入模型库"下拉按钮，在下拉菜单中选择"设备"→"myTool"，如图 7-34 所示。

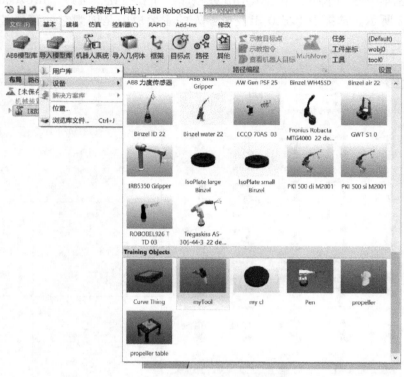

图 7-34　加载工业机器人工具

5）装载工具到工业机器人上。在工作站"布局"中选中"myTool"并拖动鼠标，将其移到"IRB2600_12_165_C_01"，即可完成工具装载。

6）工作台的装载。在"基本"选项卡中，单击"导入模型库"下拉按钮，在下拉菜单中选择"设备"→"propeller table"，将工作台模型导入到工作站中。

7）调整工作区域。选中"IRB2600_12_165_C_01"工业机器人，单击右键，在弹出的菜单中选择"显示机器人工作区域"，并移动工作台，将其放置到合适位置，如图 7-35 所示。

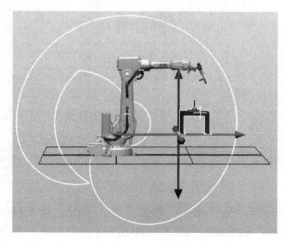

图 7-35　放置工作台

8）工件的导入。在"基本"选项卡中，单击"导入模型库"下拉按钮，在下拉菜单中选择"设备"→"Curve Thing"，将工件模型导入到工作站中，如图 7-36 所示。

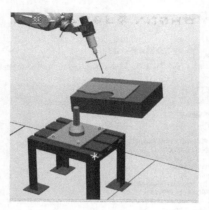

图 7-36 工件导入

9）将工件放置到工作台上。选中工件，单击鼠标右键，在弹出的菜单中选择"位置"→"放置"→"两点"选项，将工件放置在工作台上，如图 7-37 所示。

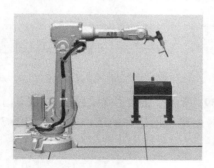

图 7-37 放置工件到工作台

2. 构建工业机器人系统

工作站布局完成后，还要进行工业机器人的仿真操作，所以要为工业机器人加载系统，建立虚拟示教器，使得工业机器人具有电气特性，才能完成相关的仿真操作。

1）在"基本"选项卡中，单击"机器人系统"下拉按钮，在下拉菜单中选择"从布局"选项，并设定好系统的名称与保存位置。

2）选择系统界面，单击"编辑"中的"选项"，配置系统参数，如图 7-38 所示。

3）完成系统加载。完成后的系统控制器状态为绿色，在软件右下角可见。

3. 创建工件坐标系

在 RobotStudio 中进行仿真，与真实的工业机器人一样，需要对工件建立工件坐标。

1）在"基本"选项卡中，单击"其他"下拉按钮，在下拉菜单中选择"创建工件坐标"选项。

2）设定工件坐标的名称"gongjian1"。

3）设置用户坐标框架中的"取点创建框架"，打开下拉菜单，选择"三点"，单击按钮

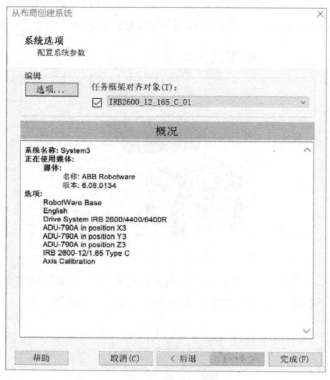

图 7-38　配置系统参数

在工件上捕捉三点，如图 7-39a 所示。需要注意的是，在 X 轴上捕捉两个点，Y 轴上捕捉一个点，即可完成工件坐标系的创建。创建好的工件坐标系如图 7-39b 所示。

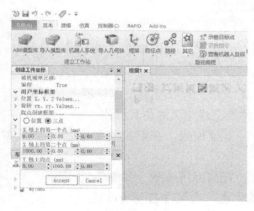

a) 设置用户坐标框架

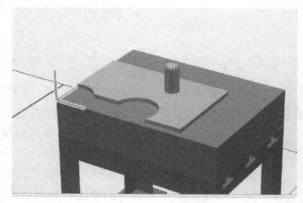

b) 创建好的工件坐标系

图 7-39　创建工件坐标系

4. 创建工业机器人运动轨迹程序

本小节要求工业机器人工具沿工件的四边外框行走一周，下面在 RobotStudio 软件中建立工业机器人运动轨迹程序。

在 RobotStudio 离线编程软件中，工业机器人的运动轨迹是通过 RAPID 指令控制的，RobotStudio 离线编程软件可以同真实的机器人一样进行程序编制，并可将生成的轨迹程序下载到真实的机器人中去运行，其轨迹生成步骤如下。

1）设定工件坐标系及使用工具。

2）创建路径。在"基本"选项卡中，单击"路径"下拉按钮，选择"空路径"选项，如图 7-40 所示。

图 7-40 创建路径

3）生成路径 Path_10，按照图 7-41 对运动指令和参数进行设定。设置工件坐标为"gongjian1"，工具为"MyTool"，指令设置为"MoveJ v200 fine"。

图 7-41 设置路径参数

4）设定轨迹起点，工业机器人由当前位置运动到轨迹起点为 PTP 运动方式。

① 示教机器人运动轨迹的初始位置目标点，选择 Freehand 中的"手动线性"。

② 拖动机器人到合适的位置。

③ 单击"示教指令"，在左侧"路径和目标点"栏中生成相应的运动指令"MoveJ Target_10"，如图 7-42 所示。

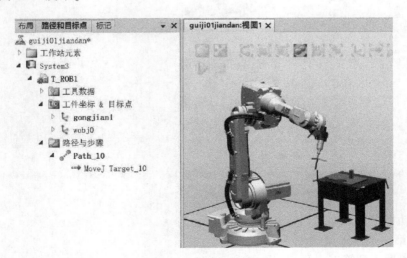

图 7-42 创建起始路径

5）示教第一个目标点。

① 选择"捕捉末端"的捕捉方式。

② 拖动机器人到第一个目标点。

③ 单击"示教指令"，在左侧"路径和目标点"栏中生成相应的运动指令"MoveJ Target_20"，如图 7-43 所示。

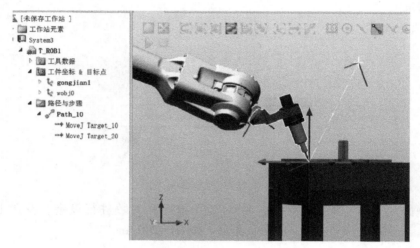

图 7-43　示教第一个目标点

6）示教第二个目标点。

① 拖动机器人到第二个目标点。

② 单击"示教指令"，在左侧"路径和目标点"栏中生成相应的运动指令" MoveL Target_30"，如图 7-44 所示。

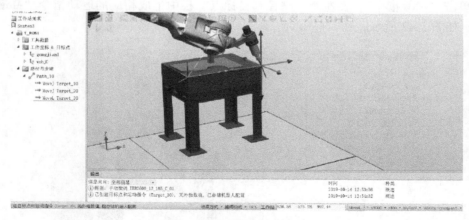

图 7-44　示教第二个目标点

③ 将运动指令"MoveJ"修改为"MoveL"。

7）示教第三个目标点。

① 拖动机器人到第三个目标点。

② 单击"示教指令"，在左侧"路径和目标点"栏中生成相应的运动指令"MoveL Target_40"，如图7-45所示。

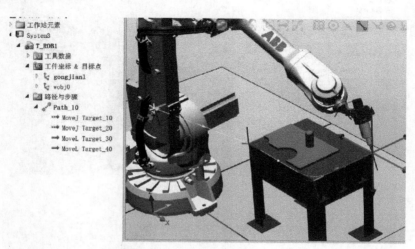

图7-45　示教第三个目标点

8）示教第四个目标点。

① 拖动机器人到第四个目标点。

② 单击"示教指令"，在左侧"路径和目标点"栏中生成相应的运动指令"MoveL Target_50"，如图7-46所示。

图7-46　示教第四个目标点

9）二次示教第一个目标点。

① 拖动机器人到第一个目标点。

② 单击"示教指令"，在左侧"路径和目标点"栏中生成相应的运动指令"MoveL Target_60"，如图7-47所示。

10）创建机器人返回路径。路径轨迹完成后，工业机器人停留在第一个目标点位置（见图7-43）。为了便于工业机器人仿真运行，需将工业机器人工具拖到起始点位置处，然后单击"示教指令"生成相应的运动指令，或复制第一条指令作为最后一条指令，并将其命名为"MoveL Target_70"，如图7-48所示。

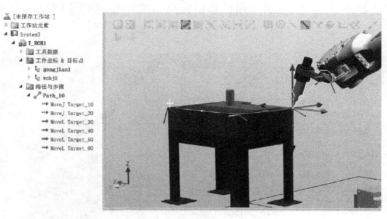

图 7-47　二次示教第一个目标点

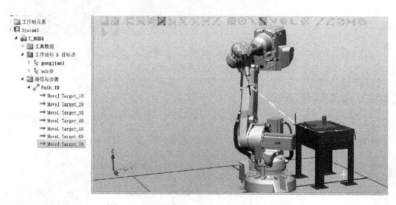

图 7-48　生成 MoveL Target_70 指令

11）验证路径并沿着路径运动。选择"Path_10"，单击鼠标右键，选择"沿着路径运动"，就能得到整个轨迹的运动图形，如图 7-49 所示。

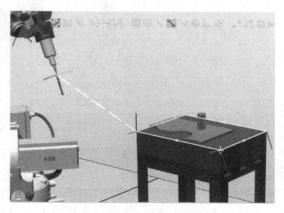

图 7-49　沿着路径运动

至此，通过 RobotStudio 离线编程软件，构建起了工业机器人仿真工作站，简单的模拟焊接轨迹应用就完成了。

本 章 小 结

　　本章阐述了工业机器人的示教编程，通过对工业机器人示教器的介绍，使读者对工业机器人的示教器有了清楚的认识；在认识示教器的基础上，介绍了示教再现编程的特点及相关编程指令，同时对 RobotStudio 离线编程软件进行了简要的介绍，并在此基础上论述了离线编程的特点，辅以简单的实例——焊接轨迹工作站，构建 RobotStudio 离线编程软件离线编程的整体方案，并对构建步骤做了详细的说明，使读者对工业机器人示教编程有了总体的掌握。

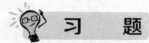 习 题

1. 工业机器人示教器由哪些部分组成？
2. 简述示教再现编程的优缺点。
3. 简述离线编程的优缺点。
4. 示教编程的指令有哪些？
5. 离线编程实现一个等腰三角形的轨迹运动。
6. 用 RobotStudio 离线编程软件构建一段圆弧的切割轨迹运动。

第8章

工业机器人工作站

教学导航

- ➤ 章节概述：本章主要介绍了工业机器人工作站的组成、特点，通过实例介绍了弧焊工作站的组成和工作过程，并对车用横梁焊接总成机器人焊接生产线和刹车盘 CNC 加工机床自动上下料机器人自动生产线做了简要介绍。
- ➤ 知识目标：掌握工业机器人工作站的组成、特点，认识弧焊工作站的组成和工作过程，了解焊接生产线和机床加工生产线的布局和工艺过程。
- ➤ 能力目标：能够通过小组协作设计出弧焊工作站的布局方案、工作流程，并初步掌握复杂焊接生产线和加工生产线的生产节拍的计算。

8.1 认识工作站

学习指南

- ➤ 关键词：工作站、组成、特点。
- ➤ 相关知识：工作站的组成及特点。
- ➤ 小组讨论：通过查阅资料，分小组讨论工业机器人工作站的组成和特点。

8.1.1 工作站的组成

工业机器人工作站是指以一台或多台工业机器人为主，配以相应的周边设备，如变位机、输送机、工装夹具等，或借助人工辅助操作一起完成相对独立的一种作业或工序的一组设备组合，也可称为工业机器人工作单元。它主要由工业机器人及其控制系统、辅助设备以及其他周边设备所组成。其中，工业机器人及其控制系统应尽量选用标准装置，对于个别特殊的场合需要设计专用机器人；末端执行器等辅助设备以及其他周边设备则因应用场合和工件特点的不同存在较大差异。因此，此处只阐述一般工作站的构成和设计原则，并结合实例加以简要说明。

一般工作站主要由机器人本体、机器人末端执行器、夹具、变位器、安全装置、动力源、工作对象的储运设备、控制系统等部分组成。不同功能的工作站，末端执行器和工作对象的储运设备等会有所不同。

以常见的焊接机器人工作站为例，由于焊接机器人最主要的特点是人工装卸工件的时间小于机器人焊接的工作时间，因此可以充分地利用机器人，提高生产效率，并让操作者远离机器人工作空间，提高安全性。另一方面，焊接机器人采用转台交换工件，整个工作站占用面积相对较小，整体布局也利于工件的物流。图 8-1 为焊接机器人工作站效果图。

机器人末端执行器是机器人的主要辅助设备，也是工作站中重要的组成部分。同一台机器人安装不同的末端执行器可以完成不同的作业。多数情况下，机器人末端执行器需专门设计，它与机器人的机型、整体布局、工作顺序都有着直接关系。一般情况下焊接机器人工作站都会选用带有安全防碰撞装置的标准机器人用焊枪。

焊接机器人工作站周边设备的动力源多以气压、液压作为动力，因此常需配置气压站、液压站以及相应的管线、阀门等装置。对于电源有特殊要求的设备或仪表，应配置专用的电源系统。

工作对象常需在工作站中暂存、供料、移动或翻转，所以工作站也常配置暂置台、供料器、移动小车或翻转台架等储运设备。

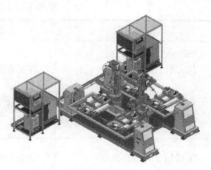

图 8-1　焊接机器人工作站效果图

检查和监视系统对于工作站来说非常必要，特别是用于焊接生产线的工作站。如工作对象是否到位，有无质量事故，各种设备是否正常运转，都需要配置检查和监视系统。

工业机器人工作站是一个自动化程度相当高的工作单元，因此，工业机器人工作站应备有自己的控制系统。目前工业机器人工作站控制系统使用最多的是 PLC 系统。该系统既能使本站有序地正常工作，又能和上级管理计算机相连，向它提供各种信息，如产品计数等。

8.1.2　工作站的特点

一般工业机器人工作站具有以下特点：

（1）技术先进　工业机器人集精密化、柔性化、智能化、软件应用开发等先进制造技术于一体，通过对过程实施检测、控制、优化、调度、管理和决策，实现增加产量、提高质量、降低成本、减少资源消耗和环境污染的目的，是工业自动化水平的最高体现。

（2）技术升级　工业机器人与自动化成套装备具有精细制造、精细加工以及柔性生产等技术特点，是继动力机械、计算机之后出现的全面延伸人的体力和智力的新一代生产工具，是实现生产数字化、自动化、网络化以及智能化的重要手段。

（3）应用领域广泛　工业机器人与自动化成套装备是生产过程的关键设备，可用于制造、安装、检测、物流等生产环节，并广泛应用于汽车整车及汽车零部件、工程机械、轨道交通、低压电器、电力、IC 装备、军工、烟草、金融、医药、冶金及印刷出版等行业，应用领域非常广泛。

（4）技术综合性强　工业机器人与自动化成套技术集中并融合了多个学科，涉及多个技术领域，包括工业机器人控制技术、机器人动力学及仿真、机器人构建有限元分析、激光加工技术、模块化程序设计、智能测量、建模加工一体化、工厂自动化以及精细物流等先进制造技术，技术综合性强。

8.1.3　工作站的外围设备

必须根据自动化的规模来决定工业机器人与外围设备的规格。因作业对象的不同，工作站外围设备的规格也多种多样。从表 8-1 可以看出，工业机器人的作业内容大致可分为装卸、搬运作业和喷涂、焊接作业两种基本类型。后者持有喷枪、焊枪或焊炬。当工业机器人进行作业时，喷涂设备、焊接设备等作业装置都是很重要的外围设备。这些作业装置一般都用于手工操作，当用于工业机器人时，必须对这些作业装置进行改造。

表 8-1　工业机器人的作业内容和主要外围设备

作业内容	工业机器人的种类	主要外围设备
压力机上的装卸作业	固定程序式	传送带、滑槽、供料装置、送料器、提升装置、定位装置、取件装置、真空装置、修边压力装置
切削加工的装卸作业	可变程序式、示教再现式、数字控制式	传送带、上下料装置、定位装置、反转装置、随行夹具
压铸加工的装卸作业	固定程序式、示教再现式	浇铸装置、冷却装置、修边压力机、脱膜剂喷涂装置
喷涂作业	示教再现式	传送带、喷涂装置、喷枪
点焊作业	示教再现式	焊接电源、时间继电器、次级电缆、焊枪、异常电流检测装置、工具修整装置、焊接夹具、传送带、夹紧装置
电弧焊作业	示教再现式	弧焊装置、焊丝进给装置、焊炬、焊接夹具、位置控制器

8.2　工业机器人弧焊工作站系统

🔘 学习指南

➤ 关键词：弧焊工作站、工作任务、工作站组成、工作过程、常见故障。

➤ 相关知识：弧焊工作站的工作任务及作业要求，MAG 焊接方法，弧焊工作站的组成，弧焊工作站的工作过程，弧焊工作站的常见故障及处理方法。

➤ 小组讨论：查阅资料，分小组讨论弧焊工作站的组成及工艺过程。

工业机器人弧焊工作站根据焊接对象性质及焊接工艺要求，利用焊接机器人完成电弧焊接过程。工业机器人弧焊工作站除了弧焊机器人外，还包括焊接系统和变位机系统等各种焊接附属装置。

8.2.1　弧焊工作站的工作任务

1. 工作任务及工艺要求

工业机器人弧焊工作站的工作任务是将两块厚度为 6mm 的试件对接平焊，对接示意图如图 8-2 所示，焊接工艺见表 8-2。

2. MAG 焊接方法

熔化极电弧焊是连续等速送进可熔化的焊丝，使之与被焊工件之间产生电弧，以此作为热源来熔化焊丝和母材金属，形成熔池和焊缝的焊接方法。为了得到良好的焊缝，利用外

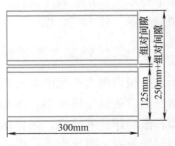

图 8-2　焊接试件对接示意图

加气体作为电弧介质，保护熔滴、熔池金属及焊接区高温金属免受周围空气的有害作用。

表8-2 焊接工艺

焊接工艺参数	焊接方法	焊材/规格	电源极性	焊接电流/A	焊接电压/V	焊接速度/(cm/min)	导电嘴-母材间距/mm	气体流量/(L/min)
	MAG	ER50-6/φ1.2	直流正接	110~150	22~26	35~45	13~16	13~15
焊接技术要求	1）焊接材料为Q235，规格为300mm×125mm×6mm 2）I型接头应单面焊反面成形 3）焊前准备：在坡口及坡口边缘各20mm范围内，将油、污、锈、垢、氧化皮清除，直至呈现金属光泽 4）焊缝表面无裂纹、气孔及咬边等缺陷为合格 5）焊缝余高：$e_1 \leqslant 1.5mm$							

焊接时采用惰性气体与氧化性气体（活性气体），如 $Ar+CO_2$、$Ar+O_2$、$Ar+CO_2+O_2$ 等混合气作为保护气体，称为熔化极活性气体保护电弧焊，简称为 MAG 焊。这种焊接方法尤其适用于碳钢、合金钢和不锈钢等黑色金属材料的焊接。

熔化极活性气体保护电弧焊熔敷速度快、生产效率高、易实现自动化，因而在焊接生产中得到日益广泛的应用。

8.2.2 弧焊工作站的组成

一个完整的工业机器人弧焊系统由弧焊机器人、焊接电源、焊枪、送丝机、焊丝盘架、焊接变位机等组成，如图8-3所示。

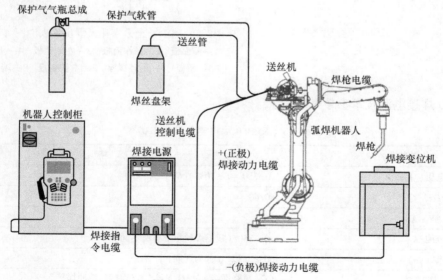

图8-3 机器人弧焊系统图

1. 弧焊机器人

ABB IRB 1520ID 工业机器人是一款高精度中空臂弧焊机器人（集成配套型），能够实现连续不间断地生产，可节省高达50%的维护成本，与同类产品相比，焊接单位成本最低。

IRB 1520ID 工业机器人可在数小时内完成安装并进行使用，大大提高了生产效率，实现了高成本效益的稳定生产。中空臂设计的 IRB 1520ID（集成配套型），将软管束和焊接线缆分别同上臂和底座紧密集成，弧焊所需的所有介质（包括电源、焊丝、保护气和压缩空气）均采用这种方式走线，实现了性能与能效的最优化。

IRB 1520ID 工业机器人能实现稳定的焊接，获得高度精确的焊接路径，缩短焊接周期，延长管件和线缆寿命。得益于集成配套式设计，该机器人在焊接圆柱形工件时，动作毫无停顿，一气呵成；而在窄小空间内，该机器人同样行动自如，游刃有余。

IRB 1520ID 为 6 轴弧焊专用机器人，由驱动器、传动机构、机械手臂、关节以及内部传感器等组成。它的任务是精确地保证机械手末端执行器（焊枪）所要求的位置、姿态和运动轨迹。焊枪与机器人手臂可直接通过法兰连接，如图 8-4 所示。

2. 焊接电源

焊接电源是为电弧焊提供电源的设备。超低飞溅 RD350 全数字化弧焊机器人专用焊接电源如图 8-5 所示。

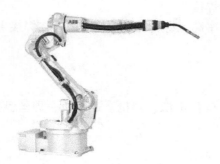

图 8-4　IRB 1520ID 工业机器人本体及焊枪

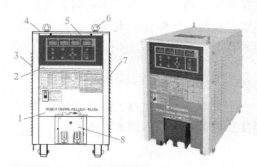

图 8-5　RD350 全数字化弧焊机器人专用焊接电源

1—前面板　2—操作面板　3—左侧盖板　4—上盖板
5—面板　6—吊环螺栓　7—右侧盖板　8—端子盖

RD350 焊接电源技术参数见表 8-3。

表 8-3　RD350 焊接电源技术参数

技术参数名称	规　格
额定输入电压、相数	AC 380（1±10%）V，三相
额定频率/Hz	50/60
额定输入/kV·A	18
输出电流范围/A	30~350（根据焊丝粗细有所不同）
额定使用率（%）	60%（以 10 分为周期）
熔接法（焊接方法）	CO_2 短路焊接、MAG/MIG 短路焊接、脉冲焊接
适用母材	普钢、不锈钢、铝
外形尺寸（宽×深×高）	371mm×645mm×600mm

弧焊机器人控制系统通过焊接指令向焊接电源发出控制指令，如焊接参数（焊接电压、

焊接电流）、起弧、熄弧等。

3. 焊枪

焊枪利用焊接电源的高电流、高电压产生热量聚集在焊枪终端，融化焊丝，融化的焊丝渗透到需焊接的部位，冷却后，将被焊接的物体牢固地连接成一体。

IRB 1520ID 工业机器人安装的焊枪型号为 SRCT – 308R，内置防撞传感器，外观如图 8-6 所示。

SRCT – 308R 型焊枪的技术参数见表 8-4。

图 8-6 SRCT – 308R 型焊枪

表 8-4 SRCT – 308R 型焊枪技术参数

技术参数名称	规 格
额定电流（CO_2）/A	350
额定电流（MAG 焊）/A	300
使用率（%）	60
适用焊丝直径/mm	0.8 ~ 1.2
冷却方式	空冷
电缆长度/m	0.8 ~ 5

4. 送丝机

送丝机是为焊枪自动输送焊丝的装置。送丝机由焊丝盘、送丝装置以及相关电缆组成，如图 8-7 所示。

送丝电动机驱动主动轮旋转，为送丝提供动力，从动轮将焊丝压入送丝轮上的送丝槽，增大焊丝与送丝轮的摩擦，将焊丝修整平直，平稳送出，使进入焊枪的焊丝在焊接过程中不会出现卡丝现象。

5. 焊丝盘架

焊丝盘可装在弧焊机器人的 S 轴上，也可装在地面上的焊丝盘架上，如图 8-8 所示。焊丝盘架用于焊丝盘的固定。焊丝从送丝套管中穿入，通过送丝机送入焊枪。

6. 焊接变位机

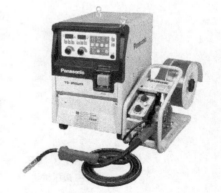

图 8-7 送丝机、焊枪及焊接电源模块

焊接变位机承载工件及焊接所需工装，主要作用是实现焊接过程中将工件进行翻转变位，以便获得最佳的焊接位置，可缩短辅助时间，提高劳动生产率，改善焊接质量，是弧焊机器人焊接作业中不可缺少的周边设备。焊接变位机如图 8-9 所示。

如果采用伺服电动机驱动变位机翻转，变位机可作为机器人的外部轴，与机器人实现联动，达到同步运行的目的。

a) 装在弧焊机器人的S轴上　　b) 装在地面上的焊丝盘架上

图 8-8　焊丝盘的安装

1—盘架　2—送丝套管　3—焊丝　4—从动轴

图 8-9　焊接变位机

7. 保护气气瓶总成

保护气气瓶总成由气瓶、减压器、PVC 气管等组成，如图 8-10 所示。气瓶出口处安装了减压器，减压器由减压机构、加热器、压力表、流量计等组成。气瓶中装有 80% CO_2 + 20% Ar 的保护焊气体。

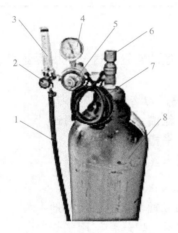

图 8-10　保护气气瓶总成

1—PVC 气管　2—流量调整旋钮　3—流量计　4—压力表
5—减压机构　6—气瓶阀　7—加热器电源线　8—40L 气瓶

8. 焊枪清理装置

弧焊机器人焊枪经过焊接后，内壁会积累大量的焊渣，影响焊接质量，因此需要使用焊枪清理装置定期清除焊渣；焊丝过短、过长或焊丝端头呈球形形状，也可以通过焊枪清理装置进行处理。

焊枪清理装置主要包括剪丝、沾油、清渣以及喷嘴外表面打磨等装置。剪丝装置主要应用于用焊丝进行起始点检出的场合，以保证焊丝的伸出长度一定，提高检出的精度；沾油装置是为了使喷嘴表面的飞溅易于清理；清渣装置是清除喷嘴内表面的飞溅，以保证气体的畅通；喷嘴外表面打磨装置主要是清除外表面的飞溅。焊枪清理装置如图 8-11 所示。

通过焊枪清理装置清洗过后的焊枪喷嘴对比如图 8-12 所示。

图 8-11　焊枪清理装置

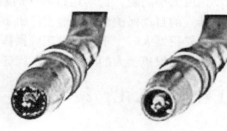

图 8-12　焊枪喷嘴清洗前后对比

8.2.3　弧焊工作站的工作过程

1. 系统启动

1）机器人控制柜主电源开关合闸，等待机器人启动完毕。

2）打开气瓶、焊接电源、焊枪清理设备电源。

3）在"示教模式"下选择机器人焊接程序，然后将模式开关旋至"远程模式"。

4）若系统没有报警，则表示系统启动完毕。

2. 生产准备

1）选择要焊接的工件。

2）将工件安装在焊接台上。

3. 开始生产

按下启动按钮，弧焊机器人开始按照预先编制的程序与设置的焊接参数进行焊接作业。当弧焊机器人焊接完毕、回到作业原点后，更换母材，开始下一个循环。

8.2.4　弧焊工作站的常见故障

机器人弧焊工作站的常见故障有以下几种：

（1）硬件故障　电气元件如继电器、开关、熔断器等失效，将会引起焊接机器人工作站的硬件故障，硬件故障往往与电气元件的质量、性能与工作环境等因素有关。长时间的工作运动也会引起连接机器人本体的电缆或电线发生疲劳破损而引发线路故障。硬件故障一旦发生，排查发生故障的元器件是件非常困难的事情，而且，必须对失效或破损的元器件进行维修或更换。

（2）软故障　软故障一般是指程序编辑软件的系统模块内的数据丢失、错误，或者是焊接机器人整个操作系统的配置出现错误的设定参数，造成机器人系统无法正常进行编程或无法正常自动化运行工作，甚至操作系统无法启动。这类故障只需要根据机器人提示的故障报警信息，找出错误源后重新配置系统参数，然后重新启动即可将故障排除。

（3）编程和操作错误引起的故障　编程和操作错误引起的故障不属于系统软件故障，所以不需要对操作系统进行特殊处理，只需要针对系统所报出的错误信息找到相应的程序段，进行修改后就可以正常工作。如焊接机器人的编程人员在编程过程中没有考虑到手动编程中的运动速度大小问题，自动运行程序时就会由于机器人关节运动速度过快造成惯性力大，触发机器人的自动保护程序而造成停机事故。

在使用焊接机器人时，不仅要求正确操作，而且要求对使用的机器人做好日常保养维护工作，这样才能确保机器人的生产效率，保证焊接质量，延长机器人的使用寿命。

8.3　工业机器人生产线

⬭ 学习指南

➤ 关键词：焊接机器人生产线、机加工自动生产线。

➤ 相关知识：生产线和工作站的区别，车用横梁焊接总成机器人焊接生产线组成及工艺过程，刹车盘 CNC 加工机床自动上下料机器人自动生产线的组成及工艺过程。

➤ 小组讨论：查阅资料，分组讨论车用横梁焊接总成机器人焊接生产线和刹车盘 CNC 加工机床自动上下料机器人自动生产线的组成及工艺过程。

8.3.1　焊接机器人生产线

下面以车用横梁焊接总成机器人焊接生产线为例介绍焊接机器人生产线。车用横梁焊件如图 8-13 所示。

工业机器人焊接生产线作为高柔性自动化生产线，可以定制成以不同工艺划分和不同结构布局的自动化生

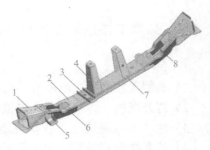

图 8-13　车用横梁焊件

1—横梁加强板　2—横梁下板焊接组件 3

3—油箱前右支架焊接组件

4—传动轴中间支撑左、右焊接组件

5—油箱前左支架焊接组件

6—横梁下板焊接组件 4

7—横梁下板焊接组件 1

8—横梁下板焊接组件 2

产线。在生产线设计阶段就需要确保生产工艺规划的正确性、设备规划的正确性和方案的可行性。

车用横梁焊接总成机器人焊接生产线主要由 4 个工位组成，前 3 个工位为各部件的组对、焊接工位，第 4 个工位为补焊、检验工位。工位之间物料传输采用叉车或行车吊运。料架采用用户的标准料架。

1. 车用横梁焊接总成机器人焊接生产线项目概述

1）被焊工件参数见表 8-5。

表 8-5 被焊工件参数

焊件名称	焊接对象	材料	公差范围/mm	备 注
车用横梁	搭接处焊缝	Q235 – GB/T700 – 06	±0.5	—

2）被焊工件工艺顺序见表 8-6。

表 8-6 被焊工件工艺顺序

工序	工 件	工艺内容	主要工艺设备	焊缝参数	节拍估算
1		横梁下板焊接组件1与横梁下板焊接组件2和油箱前左支架焊接组件组对、焊接	1）脉冲气体保护焊接系统 2）焊接机器人 3）组对工装	焊缝数量：14 条 焊缝长度：580mm 焊接速度：500mm/min	组对时间：$T_1 = 15s$ 机器人空程时间：$T_2 = 5s$ 焊接时间：$T_3 = 70s$；总时间：$T = T_1 + T_2 + T_3 = 90s$
2		横梁下板焊接组件1与横梁下板焊接组件3、横梁加强板、油箱前右支架焊接组件组对、焊接	1）脉冲气体保护焊接系统 2）焊接机器人 3）组对工装	焊缝数量：38 条 焊缝长度：1620mm 焊接速度：700mm/min	组对时间：$T_1 = 15s$ 机器人空程时间：$T_2 = 5s$ 焊接时间：$T_3 = 139s$ 总时间：$T = T_1 + T_2 + T_3 = 159s$
3		横梁下板焊接组件1与传动轴中间支撑左、右焊接组件和油箱前左支架焊接组件组对、焊接	1）脉冲气体保护焊接系统 2）焊接机器人 3）组对工装	焊缝数量：3 条 焊缝长度：300mm 焊接速度：700mm/min	组对时间：$T_1 = 15s$ 机器人空程时间：$T_2 = 5s$ 焊接时间：$T_3 = 26s$ 总时间：$T = T_1 + T_2 + T_3 = 46s$
4		补焊、检验工位			

注：焊接时间 $T_3 =$ 焊缝长度 ÷ 焊接速度 ×60，单位为 s。

3）焊接生产线设备布置见表 8-7。

工业机器人技术基础 🔧

表 8-7　焊接生产线设备布置

工作站或工位	布置	功能	生产节拍/s	备注
工作站 1	单机器人、双工位布置	两套相同工装完成工序 1	90	非标设计
工作站 2	单机器人、双工位布置	两套相同工装完成工序 2 和 3	159	非标设计
工作站 3	单机器人、双工位布置	两套相同工装完成工序 4	46	非标设计
工位 4	单工位布置	补焊、检验工位		非标设计

注：单工作站所用机器人为 KUKA KR5 机器人系统，生产节拍时间包括组对时间。

4）焊接机器人生产线效果图如图 8-14 所示。

图 8-14　焊接机器人生产线效果图
1—焊接工位 1　2—焊接工位 2　3—焊接工位　4—补焊、检验工位

5）焊接机器人生产线布局如图 8-15 所示。

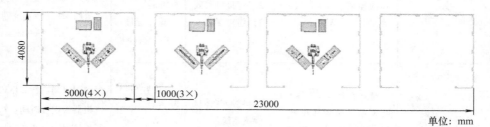

单位：mm

图 8-15　焊接机器人生产线布局

2. 工位介绍

（1）焊接工位 1　焊接工位 1 完成横梁下板焊接组件 1 与横梁下板焊接组件 2 和油箱前左支架焊接组件的组对、焊接。焊接工位 1 焊接成品如图 8-16 所示。

图 8-16　焊接工位 1 焊接成品

焊接工位 1 采用双工位布置，机器人在一个工位上焊接时，操作员在另一个工位上组对。焊接工位 1 主要由 1 台焊接机器人、1 套风冷焊枪系统、1 套脉冲焊接电源，以及 2 套组对、焊接工装和 1 套安全围栏组成。焊接工位 1 布置如图 8-17 所示。

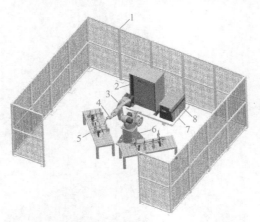

图 8-17　焊接工位 1 布置

1—安全围栏　2—机器人控制柜　3—焊接机器人　4—碰撞传感器和焊枪　5—组对、焊接工装

6—机器人底座　7—控制柜底座　8—脉冲焊接电源

焊接工位 1 组对、焊接工装效果图如图 8-18 所示。图中，Ⅰ、Ⅱ、Ⅲ为工件的 3 个零件。

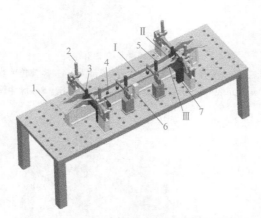

图 8-18　焊接工位 1 组对、焊接工装效果图

1—组对工作台　2—快速卡钳 1　3—磁性压头 1　4—定位销 1　5—快速卡钳 2

6—定位块 1　7—磁性定位块 1

（2）焊接工位 2　焊接工位 2 完成横梁下板焊接组件 1 与横梁下板焊接组件 3 和横梁加强板、油箱前右支架焊接组件的组对、焊接。焊接工位 2 焊接成品如图 8-19 所示。

焊接工位 2 采用双工位布置，机器人在一个工位上焊接时，操作员在另一个工位上组对。焊接工位 2 主要由 1 台焊接机器人、1 套风冷焊枪系统、1 套脉冲焊接电源，以及 2 套组对、焊接工装和 1 套安全围栏组成。焊接工位 2 布置如图 8-20 所示。

焊接工位 2 组对、焊接工装效果图如图 8-21 所示。图中，Ⅰ、Ⅱ、Ⅲ、Ⅳ为工件的 4 个零件。

图 8-19　焊接工位 2 焊接成品

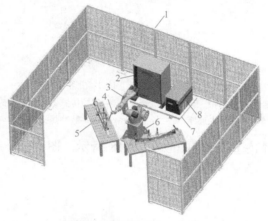

图 8-20　焊接工位 2 布置

1—安全围栏　2—机器人控制柜　3—焊接机器人　4—碰撞传感器和焊枪
5—组对、焊接工装　6—机器人底座　7—控制柜底座　8—脉冲焊接电源

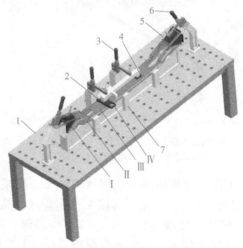

图 8-21　焊接工位 2 组对、焊接工装效果图

1—组对工作台　2—磁性压头 1　3—快速卡钳 1　4—磁性压头 2
5—磁性压头 3　6—快速卡钳 2　7—定位块 1

（3）焊接工位 3　焊接工位 3 完成横梁下板焊接组件 1 与传动轴中间支撑左、右焊接组件和油箱前左支架焊接组件的组对、焊接；同时完成上道工序部分焊缝的满焊。焊接工位 3 焊接成品如图 8-22 所示。

图 8-22　焊接工位 3 焊接成品

焊接工位 3 采用双工位布置，机器人在一个工位上焊接时，操作员在另一个工位上组对。焊接工位 3 主要由 1 台焊接机器人、1 套风冷焊枪系统、1 套脉冲焊接电源，以及 2 套组对、焊接工装和 1 套安全围栏组成。焊接工位 3 布置如图 8-23 所示。

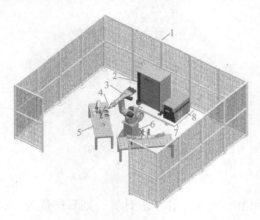

图 8-23　焊接工位 3 布置

1—安全围栏　2—机器人控制柜　3—焊接机器人　4—碰撞传感器和焊枪
5—组对、焊接工装　6—机器人底座　7—控制柜底座　8—脉冲焊接电源

焊接工位 3 组对、焊接工装效果图如图 8-24 所示。图中，Ⅰ、Ⅱ、Ⅲ为工件的 3 个零件。

（4）补焊、检验工位　补焊、检验工位完成工件的补焊（如立焊不能满足的部分焊缝）和检验，主要由补焊工作台、安全围栏及检具等组成。补焊、检验工位布置如图 8-25 所示。

3. 生产节拍和日产量计算

焊接自动化生产线完成一个工件生产所需的标准生产节拍估算如下：

工作站 1 的工作时间为 90s，工作站 2 的工作时间为 159s，工作站 3 的工作时间为 46s，若补焊、检验时间以 30s 计算，则焊接生产线的最长加工工序时间（生产节拍）为 325s，

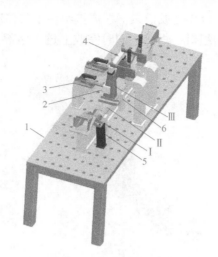

图 8-24 焊接工位 3 组对、焊接工装效果图

1—组对工作台 2—磁性定位块 1 3—快速卡钳 1 4—组合压头 1
5—磁性定位块 1 6—定位块 1

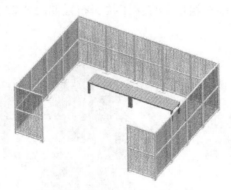

图 8-25 补焊、检验工位布置

按两班工作制，单班工作 12h，每天工作 24h 计算，则日产量为：$24 \times 3600/325 \approx 266$ 个。

8.3.2 机加工自动化生产线

在传统的刹车盘生产制造过程中，几乎都采用人工进行加工机床上下料，这种原始的作业方式存在劳动强度大、产量和质量难以兼顾等弊端。在"以机换人"的大环境下，越来越多的汽车配件制造企业纷纷配置了工业机器人自动化生产线，既降低了人力成本，同时提高了产量和品质，提升了企业的竞争力。图 8-26 为工业机器人自动化生产线局部图。

下面以刹车盘 CNC 加工机床自动上下料机器人自动化生产线为例介绍机加工自动生产线。

1. 刹车盘 CNC 加工机床自动上下料机器人自动化生产线项目概述

本项目包含两条刹车盘自动化生产线。每条生产线装备了 2 台机器人来完成对 4 台机床和 2 台动平衡机的上下料作业。刹车盘 CNC 加工机床自动上下料机器人局部图如图 8-27 所

图 8-26　工业机器人自动化生产线局部图

示。由工业机器人代替人工完成钻孔、精车、动平衡、镗磨、甩油、检测及钢印等工序的上下料。环形料仓的设计，在节省地面空间的同时有效提升了生产节拍，可长时间自动化生产，无须频繁收料和上料。机器人集成有智能视觉系统，能够扩展实现来料的智能拆垛上料和下料堆垛装箱，为后续生产线的升级提供了便利。

图 8-27　刹车盘 CNC 加工机床自动上下料机器人局部图

1）工件参数见表8-8。

表 8-8　工件参数

工件名称	外形尺寸	质量	材料	备注
刹车盘	最大 ϕ265mm	最大 14kg	FC250D	产品有无特殊要求，如来料尺寸和表面的要求

2）自动化生产线主要组成设备见表8-9。

3）工件（刹车盘）尺寸如图8-28所示。

表8-9　自动化生产线主要组成设备

序号	名称	数量	备注
1	70kg 负载 6 轴关节机器人	2	发那科（M-710iC/70）
2	双工位爪	2	非标设计
3	环形料仓	2	根据提供工件外形进行非标设计
4	翻转台	1	非标设计
5	安全门/防护栏	1	定制
6	控制系统	1	机器人专用控制系统

注：以上为自动化生产线设备表（不包含其他改造项目用设备）。

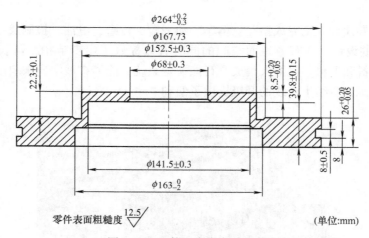

零件表面粗糙度 $\sqrt{12.5}$　　　　　（单位:mm）

图 8-28　工件（刹车盘）尺寸

4）工件（刹车盘）工艺具体见表8-10。

表8-10　工件（刹车盘）工艺

序号	工艺	生产节拍/s	设备型号	设备数量
1	上料	15	环形料仓	1
2	刹车面、承装面内径精车	95	立式 CNC 车床	1
3	钻孔，倒角	79	立式 M/C	1
4	平衡铣削	75	平衡铣削机	1
5	盘面镗磨	61	镗磨专用机	1
6	甩油	19	甩油机	1
7	多点量测	9	多点量测机	1
8	下料	15	环形料仓	1

5）刹车盘工艺流程如图8-29所示。

2. 自动化生产线布局

自动化生产线布局如图8-30所示。

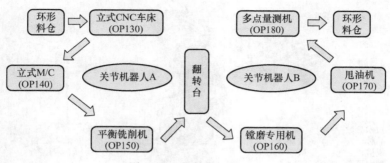

图 8-29 刹车盘工艺流程

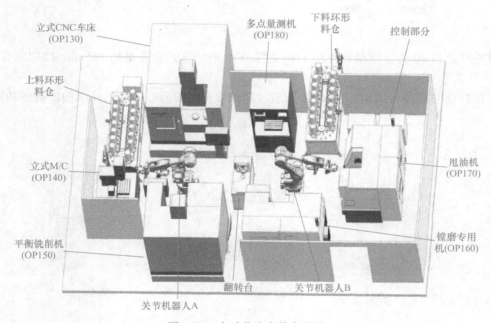

图 8-30 自动化生产线布局图

自动化生产线动作流程：

1）关节机器人 A 从上料环形仓抓取工件，依次完成 OP130→OP140→OP150，然后将工件放置在翻转台。

2）关节机器人 B 从翻转台抓取工件，依次完成 OP160→OP170→OP180，然后将工件放置在下料仓。

3. 机器人/机械手

刹车盘自动化生产线用机器人如图 8-31 所示。

4. 上下料仓与翻转台

根据工件特点，此处采用 15 工位环形料仓。工作原理为：人工将毛坯物料按要求装入料仓料架内，料架上毛坯零件由伺服电动机驱动顶杆进行分料，取走一件后自动进给。环形料仓配置缺料报警，送料精度高，实用性强。该料仓单料架能放 6 个工件，共 15 组料架，

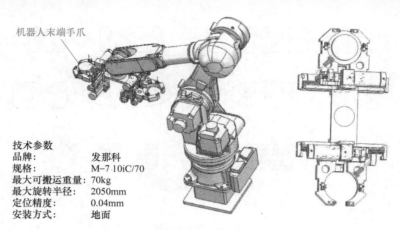

技术参数
品牌：　　　　　发那科
规格：　　　　　M-710iC/70
最大可搬运重量：70kg
最大旋转半径：　2050mm
定位精度：　　　0.04mm
安装方式：　　　地面

图 8-31　刹车盘自动化生产线用机器人

可存放毛坯物料 90 件，按最长工序 110s 的生产节拍计算，能满足约 165min（2.75h）加工需求。

环形料仓与翻转台结构如图 8-32 所示。翻转台实现前后道工序工件端面的翻转功能。

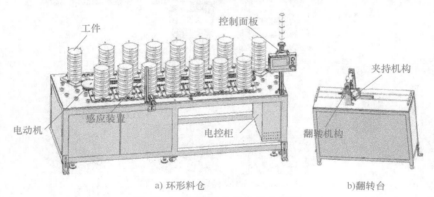

a) 环形料仓　　　　　　　b) 翻转台

图 8-32　环形料仓与翻转台结构

5. 生产节拍和日产量计算

刹车盘加工生产线机械手装夹时间见表 8-11。

表 8-11　刹车盘加工生产线机械手装夹时间

序号	动作描述	标准时间/s	备注
1	自动门打开/关闭	3（1.5s×2）	如车床开天窗，则无须开门
2	机械手进入机床	2	具体时间根据装夹工艺而定，最快可达3s
3	机械手下料	2	
4	机械手吹屑（或高压去屑）	3	
5	机械手上料	2	
6	机械手离开机床	2	
7	车床启动	1	
合计	完成一个装夹动作循环	15	

自动化生产线完成一个工件生产所需要的标准生产节拍估算如下：

以机械手装夹时间 15s，机床最长加工工序时间 95s 为例，生产节拍的总和为 110s，按两班工作制，单班工作 12h，每天工作 24h 计算，则日产量为：24×3600/110≈785 个。

本 章 小 结

本章为工业机器人技术的综合应用章节，通过对工业机器人工作站的介绍，使读者对工作站有了初步认识。通过对工业机器人弧焊工作站的组成和工作过程的介绍，以及对更复杂的机器人集成系统——焊接生产线及机加工生产线的工艺过程、生产线布局、生产节拍的介绍，明确了工业机器人在现代工业生产中的作用和地位，使读者对工业机器人生产线有了总体的掌握。

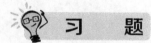 习　题

1. 什么是工业机器人工作站？
2. 工业机器人工作站的特点是什么？
3. 工业机器人弧焊工作站由哪些部分组成？
4. 简述工业机器人弧焊工作站的工作过程。
5. 弧焊工作站的常见故障有哪些？
6. 车用横梁焊接总成机器人焊接生产线项目由哪几个工位组成？各工位分别完成哪些工序？
7. 简述刹车盘 CNC 加工机床自动上下料机器人自动化生产线的生产节拍和日产量计算方法。

参 考 文 献

[1] 蔡自兴. 机器人学基础 [M]. 2 版. 北京：机械工业出版社，2015.

[2] 龚仲华，夏怡. 工业机器人技术 [M]. 北京：人民邮电出版社，2017.

[3] 郝巧梅，刘怀兰. 工业机器人技术 [M]. 北京：电子工业出版社，2016.

[4] 肖南峰. 工业机器人 [M]. 北京：机械工业出版社，2011.

[5] 许文稼，张飞，林燕文. 工业机器人技术基础 [M]. 北京：高等教育出版社，2017.

[6] 黎文航，王加友，周方明. 焊接机器人技术与系统 [M]. 北京：国防工业出版社，2015.

[7] 汪励，陈小艳. 工业机器人工作站系统集成 [M]. 北京：机械工业出版社，2014.